シリーズ
いま日本の「農」を問う
6

社会起業家が〈農〉を変える

生産と消費をつなぐ新たなビジネス

益 貴大／小野邦彦／藤野直人〔著〕

ミネルヴァ書房

刊行にあたって

「農業」関連の議論や報道が活発化している。これまで農業問題というと、農業研究者や生産者、農林水産省・JA関係者だけの問題と考えられ、とくに都市部の住民は関心が薄かった。ところが、ここへきて急に農業問題がクローズアップされ一般市民の関心を集めている背景には、世界規模での社会情勢の変化がある。マスコミが発信する記事からは、研究機関・穀物メジャーや大商社・食品関連企業・農林水産省などからの新しい農業の動向が伝えられる。また食料自給率や食料安全保障という考え方が市民に浸透し、日本の食料問題は、世界の政治・経済や気候条件と無関係ではないという事実を強く感じさせる。

また環境問題や食の安全問題は、自分自身の問題として、我々の日常に無関係ではなくなっている。しかし肥料の過剰投与や化学農薬による土壌や水質汚染、遺伝子組換え種子の問題は、それをセンセーショナルに否定的にとらえる論調ばかりが目立ち、実際のところはどうなのか、という冷静な判断ができにくくなっている。

一方で、化学肥料や農薬を使わない「有機農業」や、そもそも肥料も農薬も使わない「自然農法」の存在がきわめて魅力的に語られ、環境や食の安全に関心のある人々を惹きつけている。しかし、実際のところはどうなのか、現実にはどの程度実現しているのか、という冷静で客観的な判断は、残念ながらあまり目にする機会がない。これは原発の自然エネルギーへの代替可能性論議に似ている。

本シリーズを企画するにあたり、センセーショナルな論者ではなく、科学的かつ客観的で冷静な、あるいは農業の実践者ならではの経験蓄積から語られる、説得力のある言葉をもつ筆者にお願いした。そのため執筆者の範囲はたいへん広くなり、大学や研究機関の研究者では、農学にとどまらず、生物学、植物遺伝学、文化人類学、経済学、哲学、歴史学、社会学にまでおよぶこととなった。研究者以外では、穀物メジャーや大商社の現役商社マン、世界規模の化学会社、種苗会社、食品関連企業、また農業関係のジャーナリストやコンサルタント、大規模農家、農業関連NPOの代表や農業ベンチャーの経営者まで幅広い。その結果、執筆者の年齢も三〇代はじめから七〇代まで広がった。また筆者選定にあたり、TPPに賛成か反対か、遺伝子組換え問題に賛成か反対かという立場を「踏み絵」的条件にすることを避けた。

この企画作業の過程で、「農業」という人間の営みがもつ多面的な姿に気付かされることになった。「農業」は生産活動である前にまず「文化的な営み」であることを感じ、企画の基調に「農業は文化である」という視点を立てることとなった。

この広範な視野を取り込む編集作業にあたり、多くの方のご協力、ご教示を得た。ここに記し、深く感謝する次第である。

平成二六年五月

本シリーズ企画委員会

社会起業家が〈農〉を変える——生産と消費をつなぐ新たなビジネス　目次

本文DTP　AND・K
企画・編集　エディシオン・アルシーヴ

第1章　安心・安全な食品の全国宅配

――「らでぃっしゅぼーや」の場合――

益　貴大

執筆
益　貴大（えき　たかひろ）：らでぃっしゅぼーや株式会社マーケティング室広報担当。

会社概要
らでぃっしゅぼーや株式会社：「日本リサイクル運動市民の会」を母体に，「環ネットワーク株式会社」の社名を経て，2000年に「らでぃっしゅぼーや」に社名変更。生命力の強いラディッシュという野菜を社名に冠し，有機，低農薬農産物を中心に，多様な安全食品の宅配を全国的に展開。2013年度売上220億円。日本における「ソーシャルビジネス」の先駆けとなる。

1　らでぃっしゅぼーやの前史と創業

らでぃっしゅぼーやのビジネスモデルと社名にこめた想い

らでぃっしゅぼーやは有機・低農薬野菜、無添加食品、環境に配慮した日用品等の宅配事業を展開している。安全な食品の提供を通じ、農業や身近な食にかかわる環境問題を解決することを願って創業された。

当社は一九八〇年代、大量消費、大量廃棄といった当時のライフスタイルに疑問をいだき、大規模フリーマーケットの開催を通じてリサイクルという考え方を社会へ推進した高見裕一を中心とする市民団体「日本リサイクル運動市民の会」を母体として生まれた。環境保全に取り組む同会は結成一〇年目を迎える年に「誰もが参加でき、共感できること」で「環境に配慮した活動」はないか模索していた。そこでたどり着いたのは、「有機農業」は、農薬や化学肥料を多投する農業と比較し、水・土・空気を汚すことなく持続可能で環境にやさしい営みではないかということであった。

また「食べる」という行為は、人が毎日行うことであり、安心して食べられる「有機農産

図１　日本リサイクル運動市民の会のフリーマーケット

1980年代に開催されていた，（会場：千駄ヶ谷明治公園）。楽しめるエコ活動として“大規模フリーマーケット”という文化を国内に根づかせた。

物」をすすめることは、一般の市民の参加も共感も可能な事業であると位置づけた。「日本リサイクル運動市民の会」は国内ではじめて「環境保全」を定款に掲げる「環ネットワーク株式会社」を設立し、環境保全型といえる有機栽培野菜の流通を新たな運動の柱としたビジネスを立ち上げた。安心・安全なものを食べたいと思っても簡単には手に入らなかった当時としては画期的な新しいサービスであり、社会的な課題を解決しながら成長する「ソーシャルビジネス」の先駆けといえる。環ネットワーク株式会社は二〇〇〇年に「らでぃっしゅぼーや株式会社」に改名した。

「らでぃっしゅぼーや」は当初社名ではなく宅配サービス名だったが、これには「理念」ともいえる想いがこめられている。「ラディッシュ（二十日大根）」は荒れた土地でもよく育つ生命力の強い野菜だ。その強い野菜にはコロンブスがアメリカ大陸に到着したとき、船中で生き残っていたという逸話まである。ラディッシュはラテン語の「Radix（ラディックス）」が語源であり「ものごとの根源」「根っこ」という意味を持っている。そして「ぼーや」はそのまま子供たちを意味し、次世代をイメージしている。つまり、「ものごとの根源」である「いのち」を次の世代によりよく伝え、つなげていきたい、そのような想いがこめられている。

食とは本来、「人の身体や心を健全に育み、未来を託す」ためにある。この食の役割に基づいて作られ安心できる食べ物を提供することが、らでぃっしゅぼーやの使命であると考えている。らでぃっしゅぼーやの考える「安心」とは、生産過程が明らかであることはもちろん、おいしさが追求されたものであり、また、買い続けることができる価格帯であることもその要素と考えている。

事業拡大が地球環境の保全につながる

らでぃっしゅぼーやは事業拡大がそのまま地球環境の保全につながるものであり、その商品を利用してくださる消費者や子供たちの未来を担うものだと考えている。より健やかな「いのち」と「環境」を次世代へ伝えていくことが、らでぃっしゅぼーやの使命であり、願いである。らでぃっしゅぼーやの使命の実現に共感するパートナーとして全国約三〇〇〇軒（うちメーカーは約五〇〇社）の生産者と直接契約をしている。現在、開発された食品や環境にやさしい日用品などは約一万一〇〇〇アイテムにおよび、約一三万世帯のお客様に届けられるまでの規模となっている。

二〇一二年からは携帯電話キャリア国内最大手NTTドコモのグループ企業となり、さらなる成長を遂げようとしている。

らでぃっしゅぼーやの商品憲法「RADIX基準」

らでぃっしゅぼーやは、商品の企画から販売までを一貫して自ら手掛けている。衣料品の業界でいうところのSPA（Speciality store retailer of Private label Apparel）、製造小売業の形態をとっている。商品は契約生産者・契約メーカーによって作り出されるが、製造から販売、アフターケアまで、すべての過程にらでぃっしゅぼーやの意志を反映させている。取り扱う食品においては約九〇パーセント以上は自社仕様としており、独自性の高いものとなっている。これらの商品は、以下の六つの基本的な考え方を盛り込んだ「らでぃっしゅぼーや商品取扱基準RADIX（RADIX基準）」に従って生産されている。

これは一般に「有機ＪＡＳ」と呼ばれる「有機農産物の表示に関する法律」の施行に先駆けて運用を開始した点で画期的な出来事ととらえられる。

①　安全でおいしいこと（Safety and delicious）

農薬、飼料、添加物、製造方法、素材などの安全性について厳しくチェックします。また、安全だけでなく、食べ物本来のもつ香りや味を生かしたおいしい商品を提供します。

②　持続可能で環境にやさしいこと（Sustainability）

農薬による農地や周辺の環境汚染、容器や包装のリサイクル、焼却時の有害物質の発生の問題などを考え、できるだけ環境に負担のかからない、持続可能な生産を目指します。

図２　RADIXの表紙

農薬，化学肥料，家畜の飼い方，飼料など，商品カテゴリーごとに細かく基準があり，200ページにも及ぶ内容。

③　情報が公開されていること（Disclosure and traceability）

農薬の使用状況や産地等、商品の情報を公開します。また、生産工程や使用した原材料等、きちんと情報が確認できる商品を扱い、必要に応じて情報がさかのぼれる（トレースできる）仕組みを構築しています。

④　生産者とのパートナーシップ（Partnership with producers）

継続的によりよい商品が生産できるように、生産者、メーカーとお互いを高めあえる関係を構築し、会員の皆様を含めた三者がお互いに満足できる関係を大切にします。

⑤　買いやすい価格帯であること（Price bought easily）

商品の原料や製法、環境負荷の低減等にこだわりながら、継続的に買い続けることができる価格帯を目指します。

⑥　たゆまぬ代案提示（Alternative Suggestion）

これまで、効率的な流通に適さないため一般的に取り組まれてこなかった伝統野菜の復活や、生ゴミを資源として利用する循環システムの確立、アレルギー・アトピー対応商品の開発など、さまざまな角度からよりよい暮らしを実現するための代案を提示していきます。

らでぃっしゅぼーやは独自の基準をクリアしたもの以外は取り扱わないことから、栽培方法や製造工程が不明確な市場を経由する商品はラインアップしない。生産者・メーカーとは直接契約を基本としている。

「らでぃっしゅぼーや商品取扱基準ＲＡＤＩＸ」は、らでぃっしゅぼーやの商品憲法である。しかし、基準とは不変のものではなく、日々進化していかなければならない。その時々に発生してくる問題やお客様のライフスタイルの変化に応じて基準を改定しながら、生産・製造レベルの絶え間ない向上を目指している。

ここからは、らでぃっしゅぼーやの商品取扱基準の商品カテゴリーごとにおける原則や、その原則を作るに至った背景などを紹介していく。

2　「反農薬」を基本とする農産品の取り扱い基準

農産品の取り扱い基準

有機農業の考え方はヨーロッパを中心に広まった。そのきっかけの一つとなったのは、農薬など化学物質の危険性を提起したレイチェル・カーソンの著書『沈黙の春』（一九六二年）である。一九七二年には各国で有機農業の普及に努めてきたNGOの国際組織IFOAM（世界有機農業運動連盟）がフランスで結成され、今日に至るまで世界の有機農業運動をリードしてきた。高度経済成長期の日本でも、生産性を優先した結果、農薬、化学肥料などを大量に使用する近代化農業が推進され、その弊害も明らかになってきた。公害による健康被害が相次いで発生。朝日新聞の長編小説として連載された有吉佐和子の著書『複合汚染』（一九七五年）も注目を集めた。

らでぃっしゅぼーや事業がスタートした一九八八年は、一九八六年のチェルノブイリ原発事故をきっかけに、人々の環境や食の安全についての関心が高まった時期であった。

しかし当時は、生産者の顔が見え、栽培方法を明確にしている「有機農産物」を手に入れるのは容易ではなかった。有機農産物は援農（消費者が生産者の農業を手伝うこと）の見返りに、生産者から直接宅配で購入することができる「提携」と呼ばれるスキームや、有機農業運動を推進していた「大地を守る会」等の団体へ加盟しての共同購入、自然食品店等の限定された店舗でしか手に入れることはできなかった。らでぃっしゅぼーやは環境保全型といえる有機農業を拡大させる方法として、都市部の消費者が一人でも気軽に利用でき、きわめて利便性が高い「会員制の戸別宅配」を社会へ提案した。

消費者への安心、安全のために、届けられる農産物については、「何としてもこれだけは守る」という「五原則」を作り、この原則に基づいて生産された農産物のみを取り扱うこととした。その後一九九六年には、「五原則」の内容をさらに具体化し詳細に規定した「ＲＡＤＩＸ基準」（前述）を取り決めた。

農産品の五原則

農産品の五原則については以下のとおりである。

①「反農薬」が基本です

ヨーロッパで提唱された本来の有機農業運動では農薬と化学肥料をまったく使用しないのが基本ですが、果樹栽培の生産者や、これから有機農業に取り組もうとする生産者にまでこれを求めては、経済的に農業を持続できないリスクが高く、有機農業へのハードルが高くなりすぎてしまいます。らでぃっしゅぼーやは、ある程度は間口を広げ、有機農業へ導く道筋を作ることがまずは重要と考え、以下のとおり「反農薬」という理念を掲げています。

- 農薬は人が病気のときに飲む薬のように「仕方なく」使う。
- 生産者はより農薬を減らす努力をする。
- 使う場合は報告し、情報は公開する。
- 環境や人体への影響が大きい農薬は「基準外農薬リスト」に定める。

② 土壌消毒は行いません

有機農業の基本は、豊富な微生物や虫たちが有機物を分解し、それが作物にとっての養分となり健康に生育できる「良い土」を作ることです。農薬を散布し土中の病害虫を死滅させる土壌消毒は、有用な微生物や虫たちをも死滅させてしまうばかりか、人への健康被害や地下水の汚染も報告されています。有機農業の大きな理念の一つ、「生物多様性の維持」に逆行する土壌消毒は「禁止」しています。

③　除草剤は使いません

除草剤は、草を枯らす農薬です。除草剤の使用は労力、コストを省くことができる半面、土中の生物にも大きな影響を与えます。これは土壌消毒と同様、有機農業の基本に逆行することであり「禁止」しています。生産者の皆さんには、薬剤を使用しない物理的な除草をお願いしています（水田稲作、雑穀、国産パインアップルは一回のみ許容）。

④　有機堆肥を使います

化学肥料での栽培は、人がサプリメントだけを摂取するのと同様、作物にとって必要な養分だけを与えること。大きくはなりますが、健康的に育てたとは言えません。

有機肥料や有機堆肥の使用は、有機物に含まれるアミノ酸などの養分が作物に直接吸収されて「うまみ」のもとになることが報告されているほか、畜産廃棄物や食品廃棄物の有効利用によって、理想的な資源のリサイクルを可能にします。

⑤　自家食用と同じものを出荷します

事業を開始した当時、一部の生産者は農薬を多用した作物を出荷し、自分の家で食べるものは農薬を減らして栽培していると伝えられていました。らでぃっしゅぼーやの生産者には、「家族に食べさせたい」と思える農作物を出荷して頂きます。

有機JAS認定された農産品に対する考え方

「有機野菜」とは通称「有機JAS法」（二〇〇一年に施行）と呼ばれる法律によって認められた、基本的に農薬と化学肥料を使わずに（使う場合は認められた農薬と肥料のみ使用）、三年以上栽培された野菜のことを指す。国が認めた「認定機関」（国内に約六〇団体）によって基準に則り栽培されたか検査され、認定されればその野菜に「有機JASマーク」をつけ販売できる。有機JASの基準は前述のIFOAMが作った有機栽培基準や国際的な公的機関CODEX（国際食品規格委員会）の有機基準が大本になっている。

そもそも、この「有機」という言葉は、一九七〇年代に「日本有機農業研究会」がその呼び方を導入し、「大地を守る会」や「らでぃっしゅぼーや」などの流通団体が農薬や化学肥料を極力減らした栽培の野菜をそう呼び広めてきた。それが世界の有機農業基準と合わせる動きや、消費者が野菜を購入する上で、誤認をまねかぬよう、日本でも法制化されるに至った。

らでぃっしゅぼーやの野菜は有機JASを取得した「有機野菜」も、そうではないものも扱っているが、すべて独自の基準「RADIX基準」に基づき、必要書類の提出を受け、スタッフが厳しくチェックしたものである。国に認定された「有機野菜」であっても「RADIX基準」による確認を必要としている。

近年、「有機JAS」マークのついた農産品もスーパー等で多く出回るようになった。「RADIX基準」と比較し、使用できる農薬や肥料などに限っては「有機JAS」の方が制限は多い。しかし、たとえばリンゴなどの果樹は「有機JAS」基準の栽培では多くの農家にとって安定した栽培が不可能に近い。ひとたび病害虫が大発生すれば打つ手がなく、生産者は大損害を受けるリスクもある。それでも、より安心できるリンゴなどを食べてもらいたいため、「RADIX基準」では有機JASを取得することが困難な作物にも適応した内容となっている。また「有機JAS」にはない、栽培期間中の使用農薬を報告する義務などがあり、「RADIX基準」は「情報公開」を目的とする視点が強いと言える。

らでぃっしゅぼーやでは「有機JAS」を取得している生産者を高く評価しているが、

取得するかどうかは生産者の判断に任せている。なぜなら、「RADIX基準」を守るだけでも病害虫のリスクが高くなる上、さまざまな書類を整備、提出する負担がかかる。その上に、さらに「有機JAS」取得のためには認定料・検査費用・書類整備のコストや手間があり、それらの負担を強制することはできないと考えている。

有機JASという考え方もあるが、らでぃっしゅぼーやは、あえて現実的な「RADIX基準」と呼ぶ独自基準を制定し、温暖湿潤な日本の気候や栽培環境の中で、より環境負荷が少なく、安心して食べられる農作物を継続的に生産し、届けたいと思っている。さらには、おいしさを追求し、食の楽しみ・喜びの提供を目指している。「RADIX基準」に沿って栽培されたかどうかの確認をすることはもちろん、食べる人にまできちんと情報を伝えることで、「生産者も栽培方法も分かる」「安心できる」農産物を届けることができている。

契約生産者と消費者との「顔と顔が見える関係」

有機JAS法のように「表示」という結果だけを判断するのではなく、らでぃっしゅぼーやの生産基準は生産者や消費者との「顔と顔の見える関係」作りを大切にしている。農産物の販売取扱い量の大半を占める野菜セットボックス「ぱれっと」を作り上げるために、生産者とどのような依頼・約束をしているのか解説する。

①　作付け依頼

らでぃっしゅぼーやと生産者の間では年に二回、作付けの依頼を行う。

生産者に対しては、どの時季にどの野菜をどのくらい栽培したらよいか、また、その野菜の価格を約束する。利用者の増減推移の計画に鑑みて、利用者に野菜のセットボックス「ぱれっと」が必ず毎週届けられるように、また、品揃えよく、旬の野菜が届くよう、らでぃっしゅぼーやで設計する。

生産者へは栽培の条件も指定する。できる限り農薬は使用しない形で、生産者が栽培計画を立て、「ＲＡＤＩＸ基準」に照らし合わせ、クリアしたもののみ、週単位で作付けの計画は立てられる。

②　栽培管理カードと圃場カード

作付けの約束の際には「カード」と呼んでいる複数の書面のやり取りを生産者と行う。

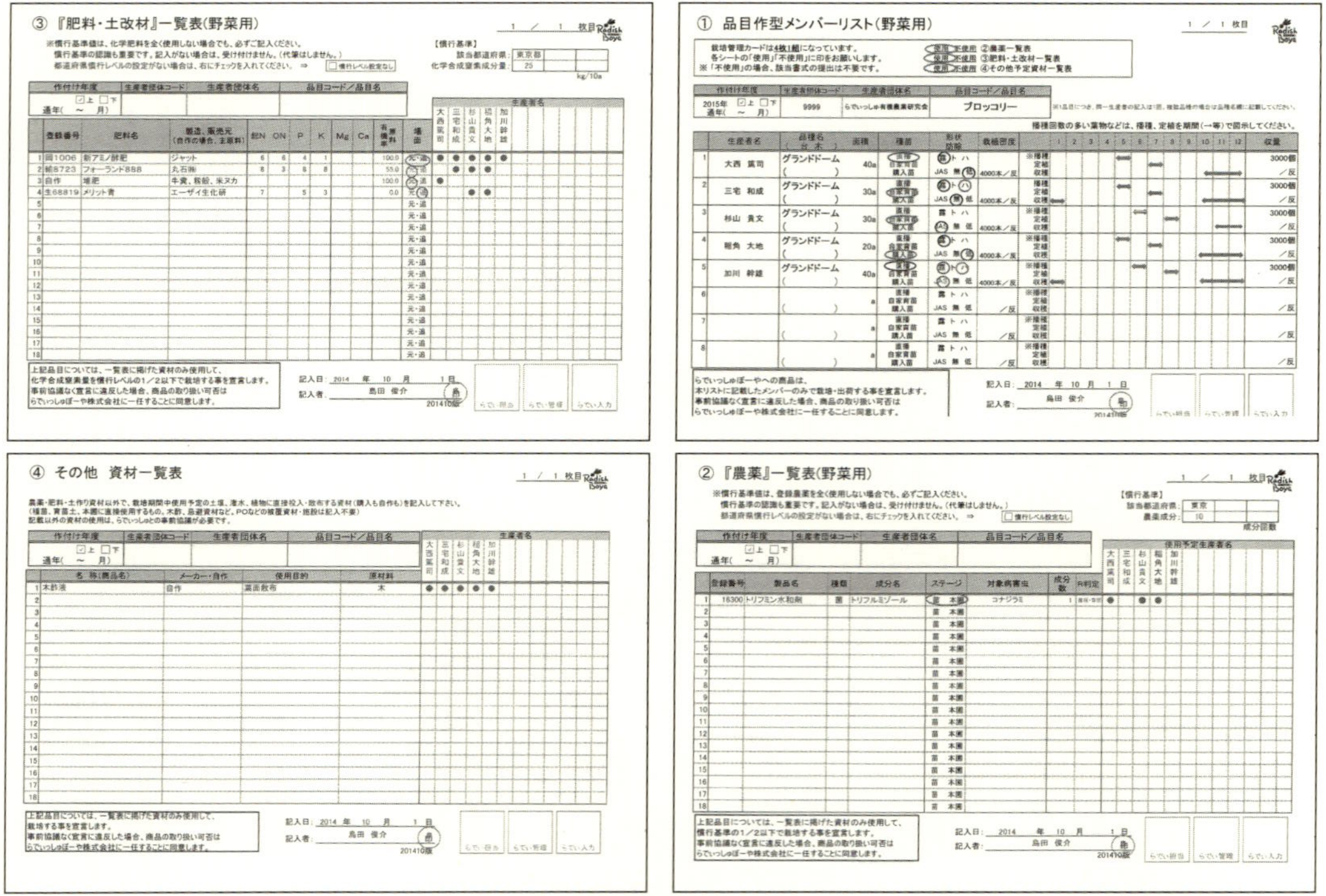

図３　栽培管理カード

作付依頼時に品目ごとに作成。生産者と書面を作り，明文化することで確実なトレーサビリティを実現している。

翌週出荷予定表(圃場情報)

年度	月	週
2015	1	1

生産者団体
9998

農産部

商品番号		商品名	無農薬	生産者No	生産者名	圃場番号1	
		ピーマン					—
		ほうれんそう					—
		小松菜					—
							—
							—
							—
							—
							—
							—
							—
							—
							—
							—
							—

※無農薬欄　0:農薬を使用 1:無農薬

図４　出荷予定表

「栽培管理カード」は生産者自身が栽培計画を考えて記入し、らでぃっしゅぼーやへ提出する栽培の記録書である。どの畑でどの野菜を、いつ種をまき、いつ収穫できそうなのかを細かく記入して頂く。また、堆肥の原料や使用する農薬の種類なども記載し、らでぃっしゅぼーやの産地担当者が前年の栽培実績と照らし合わせる。前年より農薬が抑えられているか、前年の失敗を繰り返していないかといったことも、本カードにて確認する。

「圃場《ほじょう》カード」は生産者が使用する畑を登録する書面である。栽培管

Radish Boya

12選

2014年12月11日（木）
首都圏センター

番号	品目	量目	バンド	農薬等使用状況	生産者名	住所
1	玉ねぎ	4個		無	池田伊三男、喜美子（剣淵・生命を育てる大地の会）	〒098-0335 北海道上川郡剣淵町南桜町35
2	にんじん	3本		無	あゆみの会	〒300-0626 茨城県稲敷市甘田1689(産地：千葉県)
3	長芋	1パック		無	佐々木正徳、敦子（みちのく有機共同農場）	〒034-0106 青森県十和田市深持南平181-3
4	大根	1本		無	宮崎有機農業研究会	〒881-0031 宮崎県西都市旭1-20
5	(愛) カリフラワーロマネスコ	1個		虫1	野原茂治、保男（玉造有機の会）	〒311-3513 茨城県行方市手賀4301-3
6	レタス	1個		菌2 虫2	岡村文男、年子（岡村グループ群馬）	〒370-0533 群馬県邑楽郡大泉町仙石361
	レタス	1個		有0~1 菌0~2 虫1~4	ながさき南部生産組合	〒859-2305 長崎県南島原市北有馬町戊2465-1
7	小松菜	1パック		無	くらぶち草の会	〒370-3401 群馬県高崎市倉渕町権田5344-185
8	(愛) わさび菜	1パック		無	新井俊春、文江（甘楽町有機農業研究会）	〒370-2201 群馬県甘楽郡甘楽町上野150-1
9	長ねぎ	1束		無~ 有0~1 菌0~1 虫1~2	岡村グループ	〒360-0243 埼玉県熊谷市間々田639-2
	長ねぎ	1束		無~ 有0~1 菌0~1 虫1~2	岡村グループ	〒360-0243 埼玉県熊谷市間々田639-2
10	トマト	1箱		有2~4 菌0~2 虫0~3 植1	しおかぜBOY' S	〒288-0845 千葉県銚子市三宅町２－６２２
11	ピーマン	1パック		有2 菌3 虫5	上田功一、充智（肥後あかね）	〒859-1504 長崎県南島原市深江町丁358
12	ぶなしめじ	1パック		無	樽沢春幸、さき子（三幸）	〒399-3801 長野県上伊那郡中川村大草6032-1

本日は、上記のそれぞれの枠の中から、１品目ずつ合計　12　品目お届けします。
農薬使用状況等欄の略号は次の通りです。数字はそれぞれを使用した農薬の成分数で、お届け前週の生産者からの出荷連絡に基づくものであり、当日の青果物の入荷状況により、生産者・農薬等使用状況が変更になることがあります。
「無」…栽培期間農薬使用無し(種子除く）「有」…JAS法有機農産物許容農薬　「菌」…殺菌剤　「虫」…殺虫剤　「植」…植物成長調整剤
「認証」…有機認証取得（輸入農産品のみ）「燻《くん》」…植物防疫法による燻蒸《くんじょう》　(愛) …いと愛づらしの品目

たこと玉ねぎのマリネサラダ

（2人分）①ゆでたこの足2本は一口大の乱切りにする。熱湯に白ワイン大さじ3を加えてたこを入れ、さっと茹でる。②ミニトマト6個は半分に切る。玉ねぎ1/2個は薄切りにし、冷水にさらす。③ボウルにオリーブオイル大さじ3、バルサミコ酢大さじ1と1/2、カレー粉小さじ1/3、塩、胡椒少々を入れ、よく混ぜる。④③を半分取り分け、①を10分漬ける。⑤④に②を加えてさっと和え、残りの③をかけてできあがり。

キャロットゼリー

（2人分）①にんじん100gは薄切りにし、水200ccを加えて柔らかく煮る。砂糖50ｇを加え、溶けたところでミキサーにかける。②寒天1.5ｇは水100ccで煮溶かし、①によく混ぜる。③オレンジリキュール大さじ1を加え、型に流し冷やし固める。固まったところで生クリームをかけてできあがり。

長芋のバター炒め

（2人分）①長芋150gはよく洗って皮を剥き、1cm角の拍子木切りにする。②フライパンにオリーブオイル小さじ1とバター10gを入れ、表面がカリカリになるまで炒める。③キッチンペーパーで油を切り、塩をふってできあがり。

・大根とねぎの和え物

（2人分）①大根150gは5cmのせん切りにし、塩をふってよく混ぜ30分以上置く。②長ねぎ1/2本はみじん切りにし水にさらす。③①の水気をよく絞り、ボウルに入れ砂糖小さじ1を加えて混ぜる。その上に水気を切った②をのせる。④フライパンでごま油大さじ1を熱し、③にかける。そのまま冷やし、食べるときに混ぜてできあがり。

カリフラワーロマネスコの食べ方

薄緑色でカリフラワーに似た珍しい野菜です。キャベツの仲間で、味はカリフラワーとブロッコリーを足して二で割ったようです。ビタミンB、C、カロテン、鉄分などを含み特にビタミンCは豊富です。食べ方は、カリフラワーやブロッコリーと同様に子房に分けて調理してお召し上がりください。ゆですぎないのがポイントです。サラダ、スープ、炒め物などに。

わさび菜の食べ方

わさび菜のおいしい食べ方は、さわやかな辛味を生かしたサラダ。葉を水洗いして手で食べやすい大きさにちぎり、レタスなどの野菜と組み合わせるのがおすすめです。さわやかな辛味がアクセントとなり食欲をそそります。お好みのドレッシングでどうぞ。

レタスとカニのチャーハン

（2人分）①レタス1/4個は手で一口大にちぎり、カニ缶（100g）は身をほぐしておく。長ねぎ1本は縦半分に切ってから1cm幅に切る。しいたけ4枚は石づきを取ってからみじん切りにする。②中華鍋にごま油大さじ1を入れて熱し、長ねぎ、しいたけを炒める。火が通ったらご飯2膳分、カニを加えてさらに炒める。③醤油大さじ1、塩、胡椒で味を調えてからレタスを加え、さっと炒めてできあがり。

図５　メニュー表

野菜セット「ぱれっと」に同梱されるメニュー表。生産者の住所・番地まで公開。

理カードと連動しており、畑の場所や名称が記載されている。畑を一枚ずつ管理することで過去の農薬使用状況や肥料の施肥状況もさかのぼって管理できるようになる。

③　出荷予定表

生産者に作付けの依頼をしている野菜について、収穫タイミングで生産者から翌週に出荷できる野菜と数量を報告するための書面。天候の状況により作付けの依頼時の数量・タイミングが合致するとは限らない。最終的にどれぐらい出荷できるのかをこの表で確認している。

生産者とのつながりによる利用者への安心の醸成

野菜セットボックス「ぱれっと」には、「メニュー表」と呼ぶ、同梱野菜のリストが添付される。リストの項目は、品目名、農薬を使用した場合の農薬の種類と使用回数、生産者名、生産者の住所が記入されている。住所については番地まで細かく掲載されており、利用者へ包み隠すことなく情報を公開していることを表現しているが、利用者が生産者へ直接、「感謝の手紙」を出せることも想定し、公開している。実際に生産者には多数の手紙が届いており、孤独な、そして栽培が難しい有機農業を継続しているモチベーションへつながっている。

3　アニマルウェルフェアを目指す畜産品の取り扱い基準

畜産品の取り扱い基準

畜産とはもともとは人間が食べられないものを家畜に与え、ゴミを減らし、より効率のよいエネルギー循環を作る営みであった。はるか昔は農作業の労働力であり、明治時代に食肉文化が発達し始めた頃も、牛は草を食べて牛乳や肉を、豚は農業副産物や残飯などを食べて肉を生産し、さらにその排泄物は堆肥となる循環型の社会が築かれていた。

日本の近代化とともに、このような地域内のエネルギー循環にあわせた生産から、大量生産を目的とした多頭飼育に変容していった。不足する飼料は海外からの安価な輸入穀物でまかなうことになり、世界的な異常気象が飼料価格の変動を作りだし、直接農家の収入を左右するようになった。

らでぃっしゅぼーやが事業を開始した一九八八年当時、市場に出回る多くの加工食品には安全性に疑問の残る食品添加物が使われ、消費者の間で不安が広がっていた。食肉、鶏卵をはじめとする畜産物も例外ではない。

生産効率を優先するあまり、狭い畜舎での密飼いが進み、感染症を予防する目的で抗生物質が頻繁に投与された。また飼料についても、遺伝子組換え作物の使用が増加。そのような背景から「健康的に育てられた、安心できる食肉や鶏卵がほしい」という消費者の声も一部で高まってきた。

家畜の行動を制限しない飼育技術を確立

このような声に応えるため、らでぃっしゅぼーやでは、安心できる農産物の提供に続き、産地を選び抜き、できるだけ家畜の行動を制限しない「平飼い」や「放牧」による飼育技術を生産者とともに確立した。濃厚飼料の多給を避け、抗生物質などの薬剤に頼らずに育てた畜産物をお届けすることに取り組んだ。このような安心、安全への取り組みを、らでぃっしゅぼーやでは四つの原則として「ＲＡＤＩＸ基準」に明記し、生産者への周知・徹底を図っている。

畜産品の四原則については以下のとおりである。

① 家畜の生理に適合した環境で飼育します

「安心できる食べ物は健康的に飼育した家畜から得られる」という考え方に基づき、家畜の生理に適合した環境下でできるだけ家畜の行動を制限しない飼育方法（平飼い・放牧・粗放）を提唱。生産者との関係を強化しながら豚（放牧）、鶏（平飼い）、短角牛（粗放）と飼育畜種を広げてきました。また、ヨーロッパ発祥の「アニマルウェルフェア」[*]も同様の趣旨ととらえ、取り入れる考えです。家畜の健康を保つため、家畜の快適性にも配慮した「日本型アニマルウェルフェア」ともいうべき飼養管理を生産者とともに目指します。

＊ アニマルウェルフェアの基本的な概念は「5FREEDOM」。「五つの解放」または「五つの自由」と訳されます。

①飢え、渇きと栄養失調からの解放、②恐れ、苦痛からの解放、③物理的及び熱による不快からの解放、④痛み、傷害、病気からの解放、⑤正常な行動ができる自由

② 抗生物質などの投薬は原則として禁止です

「健康的に育てた家畜には必要以上の投薬は不要」と考え、抗生物質などの恒常的投

薬[*]は原則として禁止しています。抗生物質の常用は「薬剤耐性菌」発生の温床となり、人間の感染症治療が難しくなる恐れもあります。

＊　駆虫剤、ワクチン剤については、必要最低限の投薬は止むを得ないと判断した場合、使用することがあります。

合成抗菌剤、抗生物質は、肥育期・搾乳期・採卵期には疾病予防目的で飼料に混ぜての投薬は行いません。ただし、生命力が弱い哺乳期・育成期に限り、疾病予防の目的で使用することがあります。

③　飼料は「非遺伝子組換え」をできる限り使用します

飼料の安全性を追求するため、「遺伝子組換え作物[*]ではない作物由来の飼料」を、できる限り使用することを原則とします。

＊　わが国では家畜飼料の原料となる穀物の大部分を海外からの輸入に頼り、その多くが遺伝子組換え作物であるのが現状です。しかし、遺伝子組換えにより発生するタンパク質やその成分についての安全性、長期的な摂取による影響についてはまだ確認されていません。

哺乳期・育成期の飼料は、「非遺伝子組換え作物」を使用した配合で作ることが難しいため遺伝子組換え作物の使用を容認しています。

④　環境に配慮した育て方をします

持続可能な畜産という考え方に基づいて環境保全型畜産を推進し、耕畜複合の循環型農業を提唱しています。具体的には農業生産者と畜産生産者の連携を強化し、飼料や肥料原料などを相互に提供することによって環境負荷を軽減。資源の有効活用を通じて地域活性化を図っています。また、生産者や食品加工メーカーとともに「環境」「景観」「動物福祉」「生物多様性」などへの配慮を進めています。

健康なエコロジー放牧豚を

安心・安全でおいしい野菜作りに必要なのは、農薬や化学肥料に頼らず、自然の力をうまく利用して健全な土作りをすることだと、らでぃっしゅぼーやは考えている。精肉の場合も考え方は同様だ。薬剤に頼らず、過度な密飼いをせず、家畜が伸び伸びと育つ健全な環境を整えることが大切である。その答えの一つが「放牧」である。一九九一年九月、らでぃっしゅぼーやは群馬県の名峰・榛名山のふもと、榛名町（現高崎市）で「放牧豚」の

図6　エコロジー放牧豚

野山を自由にかけまわれる環境がストレスや衛生面からの病気にならず，抗生物質の投与の必要もなく，健康的な豚を育てる。

取り組みを開始した。

一般的に豚はペットとは異なり、生産者が収入を得るために効率的に生産される「経済動物」である。生産の目標は「低コストでの大量生産」。限られた空間で、より多くの豚を飼育できるよう豚舎が設計され、トウモロコシなどの飼料を効率よく与え、豚肉に換えていくという発想のもと、より大掛かりな養豚施設が作られてきた。豚はストレスにより病気になりやすいことから、このような施設では予防のための投薬が一般的である。また、大量生産でありながら病気を元から絶つ方法として、殺菌された環境の中で育てるSPF豚と呼ばれる豚も流通している。

このような工業的な養豚ではなく「生命力のある養豚」を目指したのが「エコロジー放牧豚」だ。放牧豚は、出荷までの三カ月間、一頭あたり約二〇坪という広い放牧場で十分な運動をしながら育てられる。肥育中には病気予防の薬剤の投与の必要は基本的にない。また、豚の糞尿は広い放牧場の中で、太陽、風雨、微生物により分解され、自然に土へと帰ることとなる（一年間使った放牧場は土の自浄能力を回復させるため翌一年は休ませる）。

もともと、豚はコンクリートの上ではなく土の上に生きる動物だ。放牧場の豚たちは暑さ寒さを自分の身体で感じながら、好きな場所に寝たり、穴を掘って遊んだり、飼料や水の他にも土や草を食べ、健康な豚に育てられている。

脂ではなく赤身の美味しい希少なたんかく牛（日本短角種）

「たんかく牛」は東北地方の南部牛がルーツとされている和牛である。寒さに強く、放牧に適した数少ない日本在来の牛だ。古くからの在来種で毛色が茶褐色の南部牛とイギリスから導入したショートホーン種を交配し、その後一九五七年に日本短角種として和牛の

図７　たんかく牛

貴重な和牛，日本短角種（たんかく牛)。赤身肉，熟成肉ブームから現在人気が高い品種となっている。

一品種に登録されている。

たんかく牛の肉質の特徴は赤身部分が多いことだ。霜降りの脂肪「サシ」の入った和牛と異なり赤身肉に深い味わいがある。全国的に霜降り牛肉の人気が高まるとともに、飼育数は減少の一途を辿ることとなった。現在全国では飼育頭数が一万頭をきり、とても貴重な牛となっている。

らでぃっしゅぼーやでは一九九二年より、その品種を守る意味合いからも販売を継続している。脂肪が少ないことからあっさりとしており、牛肉本来の旨味が味わえ、ヘルシーな牛肉としても近年注目を集めている。

4　投薬を原則禁止する水産品の取り扱い基準

水産品の取り扱い基準

島国で暮らす私たち日本人にとって魚介類は貴重なタンパク源であり、もっとも身近な食材の一つだ。古くはすべてが国産の天然ものであったが、「より安く、より大量に」という要請から徐々に輸入水産物が増加し、国内外の養殖ものが占める割合も増えている。

輸入の増加は、どのように処理・加工されているのかが解りづらい食べものが多く出回ることにつながる。

また、養殖が行われる海域では餌の沈殿などによる環境汚染が進み、自然とはかけ離れた環境である生簀《いけす》での密飼いや過度の投薬によって養殖魚に奇形が発生するなどの現象も報告されている。かつては日本近海で水揚げされていたものを国外から輸入する、あるいは効率優先の過密な養殖のために、それまで不要だった薬剤を投与する。これらの結果もたらされたのが輸送・生産に伴う環境汚染、そして「食の安全」への疑問だ。

らでぃっしゅぼーやはこのような状況を踏まえ、安心して食べられる水産物の提供を目指した取り組みを進めてきた。国産・天然ものを主に取り扱うことに加え、一九九四年には日本で初めて無投薬でのハマチ養殖に成功。現在も薬剤に頼らないウナギやマダイなどの養殖を行うなど、健康的に育てた水産物の安定供給に取り組んでいる。

一方、限りある水産資源を守るには海そのものが豊かであることが重要と考え、合成洗剤の代わりに石けんの使用をすすめる「石けん運動」や、豊かな海にするために大切な森を育てる「植林運動」など、環境への取り組みも行ってきた。このような安心、安全への取り組みを、水産品において、らでぃっしゅぼーやでは三つの原則として「ＲＡＤＩＸ基準」に明記し、生産者の皆さんへの周知・徹底を図っている。

水産品の三原則

水産品の三原則については以下のとおりである。

①「天然もの」は原則として日本船籍の漁船が水揚げしたものを取り扱います

一般に輸入水産物は国外での水揚げから一次処理の後、直接もしくは複数の中継地点を経て持ち込まれます。その後は国内で最終加工されて消費者に届けられますが、国内で水揚げされたものに比べて漁獲からお届けまでのルートが多岐にわたり、トレースしづらいのが難点です。

また、長時間の輸送に耐えうる状態にするため、鮮度保持剤などの薬剤が使用されることがあります。これらの薬剤や添加物は、わが国の基準で使用を認可されているものであっても、長期連用などの場合、安全性に疑問が残るものもあります。そのため、らでぃっしゅぼーやでは、水揚げから製造まですべての工程を確認できる安全なものをお届けしたいという観点から、トレースしやすく、鮮度保持剤等の薬剤も不使用の「日本船籍漁船*が国内で水揚げしたもの」を取り扱うことを原則**としています。

＊　第一次産業として重要な水産業を守り育てる意味からも「日本船籍の漁船」を重視。また、持続的な水産物の提供のため、乱獲を行わず資源管理を大切に考える水産業者との関係を重視しています。

＊＊　ただし、一般的に需要が多く、それに反して日本近海河川で漁獲できなくなった水産物に関しては、魚種を限定し、流通ルートの確かなものに限り輸入を認め、「輸入水産品取扱商品一覧」で管理しています。また、地球温暖化などの影響による漁場の変化で、日本近海での漁獲量が減少している水産品については、産地や加工場をトレースできることを条件に、お客様のニーズに基づき新たな輸入魚種として取り扱うことも検討していきます。

②　健康的に育てるため過密な養殖を禁止します

経済効率を重視した水産養殖では、過密養殖*と抗生物質などの投薬の併用が一般的な方法です。らでぃっしゅぼーやでは、安心・安全な魚をお届けするためには健康的に育てることがもっとも根源的で大切なことという観点から、過密な養殖を禁止しています。

資源管理および流通の安定化の観点から必要と判断される養殖水産物に関しては、過

図８　水産品の三原則によって水揚げされた魚介

より自然に近い環境で養殖されるエビやタイ。エビは環境にやさしい養殖ということから「エコシュリンプ」と命名し，らでぃっしゅぼーやのロングセラー商品となっている。

密養殖をせず薬剤に頼らない養殖方法であることを確認のうえ取り扱います。

＊　一般に水産養殖では、対象魚種に適した生育環境を人工的に作る必要があり、エネルギー消費の増加や周辺の環境破壊などをもたらす可能性があります。また、過密な養殖は病気の蔓延や魚同士の接触による魚体へのダメージ増加、傷口からの病気の発生につながります。

③　抗生物質などの投薬は原則として禁止します

「健康的に育てた魚には必要以上の投薬は不要」という観点から、薬剤に頼らず育てた水産物をお届けしています。

＊　生産効率を上げるため、予防目的で飼料に抗生物質を混ぜて投与する方法が一般的ですが、抗生物質の投与を稚魚期以外は原則禁止とし、生育方法まで詳細な確認を行っています。

5　国産原料を優先使用する加工食品の取り扱い基準

加工食品の取り扱い基準

食の安全に対する意識には国によって大きな違いがあり、必ずしも意識の高い国が貿易相手国になるとは限らない。加工食品の原材料を海外から輸入する場合、長時間の輸送に耐えられるように散布されるポストハーベスト農薬や、保存性向上のために加えられる食品添加物など、安全性に不安が残る薬剤、化学物質が使用されるケースも少なくない。

食品添加物は利便性や経済的メリットから広く使用されている。過去には発ガン性、催奇形性、染色体異常など人の健康への悪影響が判明し、使用禁止になった例もある。現在、わが国の法律で認められている食品添加物はすべて「リスク最小化」の考え方に基づき安全性が確認されているが、一方で、できるだけ口にしたくないというお客様もおられる状況だ。

後を絶たない食品偽装事件。遺伝子組換え作物の普及。食品アレルギー物質などの管理ミス。ＢＳＥなど原材料の安全性にかかわる新たな家畜の病気。近年、食品の品質や安全性が脅かされる事件、事故が多発している。牛肉と異なりトレーサビリティーについての法的な枠組みがない加工食品の品質情報は、メーカーによる食品表示に頼らざるを得ない。

遺伝子組換え食品についてはその安全性をめぐって賛否両論ある。環境や生態系に対して悪影響があるのかないのか、不安を拭い去ることはできない。さらに、遺伝子組換え技術が特許の対象であることから、食物の生産、流通が一部の特定企業によって事実上統制される危険性も指摘されている。

らでぃっしゅぼーや創業当初は農産物のみを宅配していたが、徐々に「安心して食べられる加工食品も取り扱ってほしい」という要望が増え、それに応えるかたちで商品開発と販売をスタートした。食生活の多様化などの時代背景や利用者のニーズに呼応し、これまでに多くのオリジナル加工食品を開発・販売してきた。

加工食品については地球環境や広く食文化に対する代替提案を忘れず、「ゼロリスク」ではなく常にリスクの最小化を考慮した基準が「安全」の担保条件であり、「作り手の顔が見える商品の取り扱い」という基準が「安心」の担保条件であると考えている。このような安心、安全への取り組みを、加工商品において、四つの原則として「ＲＡＤＩＸ基準」に明記し、生産者の皆さんへの周知・徹底を図っている。

加工食品の四原則

加工食品の四原則については以下のとおりである。

①　国産原料を優先使用します

加工品の原料には日本国内で生産されたものを優先的に使用します。しかし、国産原料では多大なコストがかかる、収量が安定しない、あるいは栽培ができないなどの場合には、独自基準を設けて原産地証明などの原料規格書を十分に確認したうえで、使用する外国産の原料を定めていきます。

②　食品添加物はできる限り使用しません

「添加物を使わなくても作れるものは使わないで作ろう」という基本的な考え方に基

づき加工食品を取り扱っています。ただし、食品の特性上どうしても使用を避けられないもの（豆腐のニガリなど）、伝統的に使用され安全性が広く認知されているものについては、ポジティブリストを作成し使用・管理しています。

③ 製品の生産者と生産過程が明確で、品質や安全性の確認ができるものを扱います

すべての加工食品について表示義務の有無にかかわらず、「製造工程」「原材料」「包材の材質」に至るまで、すべての情報を公開できるように商品規格書を管理。また同時に、「誰が」「どこで」「どのように」作っているのかをできるだけ確認しています。

④ 遺伝子組換え作物、遺伝子組換え作物を原料とする加工品は原則として扱いませんらでぃっしゅぼーやは常に社会に対して「代替提案」をしてきました。遺伝子組換え作物が国によって安全と認められている以上、それらを危険だと標榜はしませんが、世の中に「そうではないものを提案していく」という理念に基づき、基本的に使用しない方針です。遺伝子組換え原料の流通・製造工程上の分別管理を確認したもの以外は使用しません。

6　消費者ニーズを優先するアトピー・アレルギー対応商品の取り扱い基準

アトピー・アレルギー対応商品の取り扱い基準

らでぃっしゅぼーやは三〇〜四〇代の女性で妊娠・出産というタイミングで利用を開始する利用者が多い。子供に安心なものを食べさせたいという親の願いからだ。らでぃっしゅぼーやが取り扱う食材が、農薬や食品添加物の使用を制限していることから、ケミカルなものを避けたいと考えるアレルギーの方がいる家庭での利用も多いようだ。

そのような背景から、一九九八年、アレルギー対応商品を取り揃えたカテゴリー「アトピーエイド」の販売をスタートした。小麦を使用しないパンや、うるち米を原料とした麺といった主食となる食材や、卵・小麦・乳製品を使用しない惣菜や菓子、食品に限らず、シャンプーやスキンケアに関する商品などを取り揃えている。現在約一七〇品目の商品を用意し、アレルギー対応商品の品揃えとしては国内最大級となっている。またＮＰＯ法人アトピっ子地球の子ネットワークと連携し、電話相談ができる体制を整えるなど、消費者の不安を取り除く配慮もしている。

図9 「アトピーエイド」商品
製造工場内での混入を防止する取り組みなど行っているメーカーから調達している。

アレルギー対応商品は一般的に製造ロットが少なく、手作りのものが多いため、一般の商品と比べて価格が割高になり、家計への負担も少なくはない。そのため、一つの家庭で家族全員が同じものを食べるのではなく、食物アレルギーがある子供（または大人）専用に特別メニューを作っているケースもある。

らでぃっしゅぼーやはアレルギー対応商品を数多くラインナップしている。アレルギーがない方でもおいしく食べられる味付けや、パッケージについても子供たちを意識し、おしゃれで、かわいいデザインにするなどの工夫をする。メーカーに協力を呼びかけ、アレルギーがある方もない方も同時に楽しめる商品開発に取り組んできた。アトピーエイド商品取扱い開始から一〇年目の二〇〇七年からは、より多くの方が気軽に購入できるように、価格を一律一〇パーセント割り引きして販売をしている。

アレルギー対応商品については、三つの原則として「ＲＡＤＩＸ基準」に明記し、生産者の皆さんへの周知・徹底を図っている。

アトピー・アレルギー対応商品の三原則

アトピー・アレルギー対応商品の三原則については以下のとおりである。

①　必要性を優先します

らでぃっしゅぼーやは、アレルギー・アトピー症状を持つ方々だけでなく、食生活に対して何らかの問題を抱えておられる方々に対して、商品を提供していくことも大切であると考えます。らでぃっしゅぼーやがお届けしているすべての商品が人体に対する安全性や環境を保全する目的で生産された商品ですので、すべての商品が食生活に問題を抱えておられる方々に提供できる商品です。しかし、個々の状況に応じた商品の提供までは至っていないのが現状です。

アレルギー対応商品を生産・製造すると、アレルゲンを除去・低減させる際に加工工程を追加することになります。また、コメや小麦の替わりとなる穀物を探すと外国産の穀物が必要となります。この点は基準書に定めている「国産原料の使用を優先する」ことに反することとなりますが、アレルギー・アトピー対応商品では、その商品を必要とされている方々のニーズを優先した考え方に基づいて生産・製造基準を設けることとします。

② 取り組みを行う理由

アレルギー・アトピー対応商品を当社PB（プライベートブランド）商品として開発することは数量的（ロット）に見ると難しく、すでに市場で販売されているNB（ナショナルブランド）商品の取り扱いが主となりますが、NB商品の中で本基準書に記載されたすべての項目に合致した商品を見つける事はきわめて困難です。その理由として、アレルギー・アトピー対応商品を製造している製造元や製造会社の商品開発のコンセプトが、アレルゲンの除去や低減を行ったものが主であるため、食品添加物を使わずに加工することや、原料に農薬を使用していないなどの安全な原料を使用すること、書類上で確認できる原料を使用することが非常に少ないということがあげられます。

らでぃっしゅぼーやがアレルギー・アトピー対応商品を取り扱っていく中で、現状に甘んじることなく、アレルゲン除去の考え方に、「できるだけ食品添加物を使わない（キャリーオーバーを含む）で製造すること」と「安全な原料を使用すること」を加えた商品を開発していく事を理想とします。

③　特例部分のみ記述します

本基準書の農産品編・畜産編・水産編・加工食品編・エコデザイン編の生産・製造基準や容器包装基準に則ることが難しい箇所を記載し、特例を設けて使用を認めることとします。

7　らでぃっしゅぼーやの特徴的な商品展開

有機農業を支える野菜のセットボックス「ぱれっと」の仕組み

らでぃっしゅぼーやは、有機・低農薬の野菜や果物をセットボックスにした「ぱれっと」を主力の商品としている。らでぃっしゅぼーやが設立された当時、農薬や化学肥料を使わない、あるいは減らすなど、こだわった方法で栽培している生産者の数はとても少なく、またそういう栽培方法ではどうしても出荷が不安定になっていた。つまり、有機栽培の野菜では、欲しい時季に欲しい野菜を選べる、カタログ販売という方法は不可能であった。

一般市場では、全国各地に膨大な数の生産者がおり、膨大な野菜や果物が流通していることから、消費者は好きな食材を手に入れることができる。その代わり、生産者を選ぶことはできない。つまり有機ＪＡＳなどの認証を得た野菜以外は、栽培内容も選べないということになる。農薬や化学肥料を多用していてもそれを受け入れなければならない。

そのような状況の中、らでぃっしゅぼーやは「ぱれっと」という仕組みを考え出した。野菜の品目を消費者が選ばない福袋のようなセットで販売することにより、出荷時期など

図10 「ぱれっと」の内容各種
らでぃっしゅぼーやの主力商品といえる野菜セット。絵具をのせるパレットのように彩り豊かに旬の野菜を届けたいという想いから命名された。

の予定がずれたとしても、生産者から約束どおりの数量を仕入れ、出荷することが可能になる。また生産者からすれば、こだわって作った野菜の出荷先が確保され、安定して有機農業に取り組むことができる。つまり、「ぱれっと」は予定通りに仕入れ、販売することを犠牲にすることにより、決まった生産者との契約を可能にした仕組み（契約栽培）といえる。

さらに創業当時には、ビジネスモデルとして確立されていなかった「戸別宅配」というスキームも多くの方に受け入れられ、利用者が増えることにより、消費量が増え、こだわりを持った生産者のネットワークを拡大させることができ、出荷時季や不足する生産物を補いやすくなった。現在では一般的な食材の戸別宅配を国内で最初に始めたのは、らでぃっしゅぼーやであった。

「ぱれっと」は消費者が野菜を選べないという不便さはある。しかし、バランスがよく、さまざまな野菜が届くよう契約生産者に対し作付けの計画をし、使い勝手がよいと利用者に喜ばれるセットボックスの提供を目指している。

野菜をセットにして届ける利点

セットにすると、消費者にとっては、年間約一四〇種類以上の有機・低農薬野菜をバランスよく食べることができる。また独自の厳しい環境保全型生産基準「ＲＡＤＩＸ基準」で栽培された安全性の高い農産物が、市場の価格に左右されることなく、決まった価格で届く。そして誰がどのようにして作ったかを、生産情報や栽培履歴で確認できる。また安全性が高く、旬の栄養価の高い農産物を食べ続けることによって、健康的で豊かな生活をもたらす。

一方、生産者にとっては、単品注文ではないことから、ある程度の出荷量の調整ができ、収益性の確保につながる。そして安定した収益性から、栽培に手間がかかる環境保全型農業の持続が可能になり、後継者の確保にもつながる。またらでぃっしゅぼーやが開催する技術交流会で、おいしさ・安全性の両面から農産物の品質向上について学ぶことができる。

さらにできるかぎり農薬を使用しないことにより、土壌汚染などから地球環境を保全し、また生産者自身の健康を守る。

この「ぱれっと」の取り組みは、環境保全型農業の振興や持続可能な社会の構築につながるビジネスモデルとして、財団法人日本産業デザイン振興会が主催する「二〇〇六年度グッドデザイン賞（新領域デザイン部門）」、国産農産物の流通拡大に寄与する商品として農林水産省が推し進めている「フードアクションニッポンアワード二〇一四」流通部門優秀賞を受賞している。

人と地球にやさしい持続可能な貿易の仕組み「フェアトレード商品」

日本をはじめとした先進国では開発途上国で生産された食料品や日用品が驚くほど安い価格で販売されていることがある。買う側にとって安いことは嬉しいことだが、その安さを生み出すため、途上国では生産者に正当な対価が支払われなかったり、生産性を上げるために必要以上の農薬が使用され、環境が破壊されたりする事態が起きていることもある。

図11　フェアトレードによるバナナの運搬

人の手や牛の背中にのせバナナは港まで運ばれる。一般的なバナナに比べキズが多いが，それはそのような運搬方法の際についたものであり，品質に問題はない。

もっとも弱い立場にある開発途上国の生産者や労働者にしわ寄せがいき、彼らは「食べる」「子供が教育を受ける」といった最低限の生活の権利も保証されていないといった可能性がある。

「フェアトレード」は直訳すると「公平な貿易」である。開発途上国の原料や製品を適正価格で継続的に購入することにより、生産者や労働者の生活改善と自立を目指す貿易の仕組みである。消費者はフェアトレード商品を購入することで、生産者や労働者を応援することができる。一人の一つの買物は小さな行為だが、よりよい世界を作るためのとても重要な選択であると、らでぃっしゅぼーやは考えている。

「持続可能な社会の実現」を理念に掲げるらでぃっしゅぼーやは、フェアトレードという言葉がまだ日本でほとんど知られていなかった頃から、その商品を積極的に取り扱ってきた。らでぃっしゅぼーやの外国産品の輸入原則にはフェアトレードのスキームを採用している。

一九九〇年、フィリピン・ネグロス島のフェアトレードによる「バランゴン・バナナ」を皮切りに、フェアトレード品の取扱いが始まっている。販売二〇周年を迎えたインドネシアの「エコ・シュリンプ」の他、現在では紅茶、コーヒー、チョコレート、雑貨・衣類など、さまざまなジャンルのフェアトレード品を扱っている。

らでぃっしゅぼーやが考えるフェアトレード

以下はらでぃっしゅぼーやが考えるフェアトレード六カ条である。

らでぃっしゅぼーやでは、六カ条を設け、そのうちのどこにポイントをおいた商品であるかを確認したうえで、扱います。

①　フェア　公正・搾取しない・正当な対価
②　グリーン　相手国の環境を壊さない
③　グラスルーツ　多国籍企業や仲介人を介在させない民衆交易
④　ピープルtoピープル　それぞれの人々と「顔の見える関係」を築く
⑤　インディペンデント　相手国の人々の自立促進
⑥　セーフティ　農薬使用等を極力削減し、安全なものを

見て楽しい、食べておいしい「いと愛づらし名菜百選」

日本には、市場から姿を消してしまった野菜が数多くある。一九六〇年代以降の高度経済成長にともない、都市部に人口が集中し、野菜の大量生産が必要になったため、「栽培しやすい」「大量生産しやすい」品種が、市場のほとんどを占めるようになった。その結果、地方で受け継がれてきた味のよい伝統野菜の多くが、「栽培に手間がかかる」ことや「効率的な生産が難しい」「大きすぎて流通に不向き」「スーパーの棚に並べにくい」といったことなどから、次第に栽培されなくなった。伝統野菜には限られた地域でしかうまく育たない品種も多く、生産者の高齢化により種の消滅が心配されている状況である。

図12 「いと愛づらし名菜百選」
栽培が難しい伝統野菜や珍しい野菜でも，RADIXの基準は変えていない。

らでぃっしゅぼーやは一九八八年の設立当初から「三浦大根」「松本一本ネギ」などの地域の伝統野菜を取り扱ってきた。スーパーなどでは扱われることの少ない伝統野菜だが、生産者が代々種を守り続けてきた野菜たちである。食べ続けることで種を次の世代に残していきたいと、考えている。

らでぃっしゅぼーやはこれらの伝統野菜や珍しい野菜を、「いと愛《め》づらし名菜百選」というカテゴリーを設けて販売

いと愛づらし 名菜百選

札《さっ》幌《ぽろ》大《だい》球《きゅう》

◆区分・伝統＋変◆愛づらし度・八〇（百が最高）
◆生産地・北海道

明治初期から北海道でつくられてきたキャベツで、大きさは一〇キロ前後にもなります。

北海道ではニシン漬けが冬場の貴重な保存食だったのですが、札幌大球の大きな葉は、このニシン漬けに最適だったことと食味が良かったことから、北海道で栽培されるキャベツの生産量の約半分を占めるほどの重要な野菜でした。

大きいので、カットしてお届けします

現在は、札幌大球の大きすぎるそのサイズとニシン漬けの生産量の減少に加え、加工には芯が太くて使いづらいなどの理由から、札幌大球の作付け面積は大きく減っています。しかし、ニシン漬けや一部の根強い支持を受け、つくり続けられています。

「いと愛づらし～らでぃっしゅぼーや名菜百選」の企画は、農産スタッフが北海道で見かけたこのキャベツの大きさにびっくりしたことから始まりました。今年は台風や長雨により小さめですが、それでも一個では大きいのでカットしてお届けします。

食べ方は、普通のキャベツと同様にお使いいただけます。

「いと愛づらし　～らでぃっしゅぼーや名菜百選～」とは・・
「いと愛づらし選考委員会」が伝統がある、珍しいなどの観点で選んだ１００種の野菜。準定期品「いと愛づらし野菜セット」を中心に元気くんやぱれっとでお届けします。どうぞお楽しみに。

外袋 プラ

図13　「いと愛づらし名菜百選」に添付するリーフレット

このリーフレットには歴史的な背景に加え，地域の伝統的な食べ方や，生産者が考えたおすすめのレシピなどを紹介している。

している。「いと愛づらし」の名称は「珍しい」と、古語の「めづらし（すばらしい、かわいらしい、などの意）」をかけ合わせたものだ。ロゴマークを作成し、カタログ上などで判別ができるようにしている。

百選は契約生産者と利用者、種苗店経営者、らでぃっしゅぼーや社員で構成される選定委員会で審査し、毎年選定の見直しをしている。伝統野菜でも栽培地域の生産者の努力により、スーパーに並ぶほどメジャーになる野菜もいくつかある。山形の「だだちゃ豆」はその一例だ。このように一般的に流通されるようになった野菜や、百選に選定はしたものの、栽培が著しく難しいため、最終的に流通させることができなかったものなどを百選から外し、新たな品種を加える作業を選定委員会では行う。珍しさだけではなく、味や使いやすさも審査基準となる。

審査基準

其の一　これまで見たことや食べたことのない珍しい野菜

其の二　各地方に伝わる伝統野菜

其の三　学術的重要性が高いと思われる野菜（「実はこうなっているんだ」と感心して

しまう野菜）

「いと愛づらし名菜百選」の野菜をもっと身近に感じてもらうため、その由来や食べ方、生産者のおすすめレシピなどを掲載したリーフレットを商品に添付し、販売している。らでぃっしゅぼーやは、伝統野菜や珍しい野菜が、家庭の食卓での会話を彩るきっかけになればと考えている。

「いと愛づらし」の取り組みは財団法人日本産業デザイン振興会が主催する「二〇〇八年度グッドデザイン賞（産業領域／ソリューションビジネス、サービスシステム）」を受賞している。

身近な生ごみから循環型社会をめざす「エコキッチン倶楽部」

らでぃっしゅぼーやは、その母体がリサイクル運動を推進する市民団体であったことからも、事業そのものにリサイクルのＤＮＡが残っており、宅配用の資材であるダンボール、牛乳瓶、卵の容器、といったもののリユース・リサイクルに積極的に取り組んでいる。

二〇〇一年に制定された食品リサイクル法では、二〇〇六年から食品残渣排出業者が二〇パーセントをリサイクルするという義務が課せられた。最近は生ゴミの問題が社会的に取り上げられることが少ないが、食品の宅配を柱とするらでぃっしゅぼーやとしては、避けられない課題と認識している。

食品廃棄物は、製造・流通・消費の三段階で管理され、製造業から排出されるものは「産業廃棄物」、流通・消費段階での排出は「一般廃棄物」となる。企業等による製造・流通段階での排出の二〇パーセントの再資源化を義務づけるのが食品リサイクル法だ。国内の食品廃棄物総量は年間約二〇〇〇万トンといわれており、家庭の生ゴミなど消費段階での排出は約一〇〇〇万トンと推定されているので、全体の半分は家庭からの生ゴミが占めているということになる。つまり、食品リサイクル法では、食品廃棄物全体の一〇パーセントの再資源化を目指したものといえる。農水省の統計資料では食品産業全体で四七パーセントが再生利用されており、すでに法律の範囲を超えて循環が形成された形になっている。らでぃっしゅぼーやの首都圏物流センター（東京都板橋区）でも大型の生ゴミ乾燥機を導入し、野菜のくずなどを再資源化している。課題となるのは、食品廃棄物総量の半分を占める家庭から出る微量元素や、ミネラル豊富な生ゴミを社会としてどのように再資源化するかである。また、再資源化への最大の課題は都市部においては「臭い」「分別」「時間」

図14　らでぃっしゅぼーやの首都圏物流センター

物流センター内で，傷みなどで出荷ができなかった野菜も，大型リサイクラーで乾燥資源化し，生産者の畑に戻している。

があげられる。

生ゴミを受け入れる側の農家においては、品質にばらつきのある肥料では良い農産物を作ることができないので、再資源化にあたって、品質の均一化が求められる。

二〇〇一年から、らでぃっしゅぼーやが生ゴミ再資源化システムとして提案している「エコキッチン倶楽部」は、これらの問題を最小化した堆肥化技術と宅配の物流網を最大限活用した、他に類のない仕組みだ。家庭の生ゴミを畑に戻す本取り組みは二〇一四年現在、約二〇〇〇〇世帯の利用者に参加してもらい、着実にその輪が広がっている。

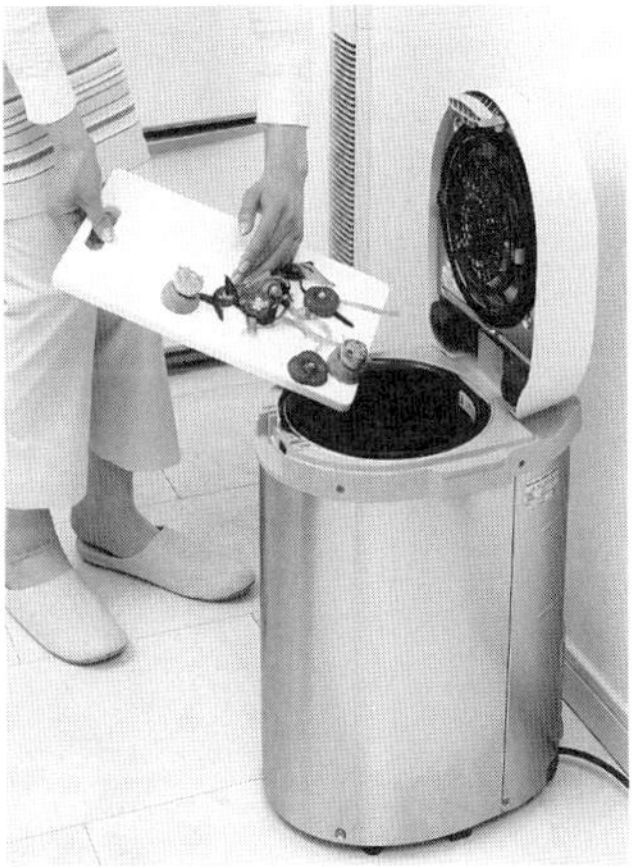

図15　家庭用リサイクラー

自治体によっては購入資金の補助が出る。

エコキッチン倶楽部の生ゴミ資源回収・循環システム

① 出した生ゴミを乾燥式リサイクラーにて水分を飛ばし減容させた「乾燥資源」を配送スタッフが回収

② 全国五つの物流センターへ

回収される

③　契約生産者から物流センターに届くトラック便の「帰り便」に乾燥資源を乗せる

④　契約生産者にて乾燥資源を堆肥化し、畑に戻す

⑤　その畑でできた野菜を、消費者へ届ける

エコキッチン倶楽部の取り組みはコミュニティリサイクルのシステムとして重要な試みであると評価され、財団法人日本産業デザイン振興会が主催する「二〇〇七年度グッドデザイン賞（新領域デザイン部門）」を受賞している。

8　その他の取り組みとその後の推移

国産の間伐材が原料の飲料容器から作るトイレットペーパー

らでぃっしゅぼーやでは一九九九年より、資源循環型飲料容器「カートカン」による低農薬野菜・果物ジュースなどの販売及び、容器の回収を行ってきた。カートカンは、ペットボトル、スチール缶やアルミ缶のように、石油や鉱石などの有限な資源を原料としてい

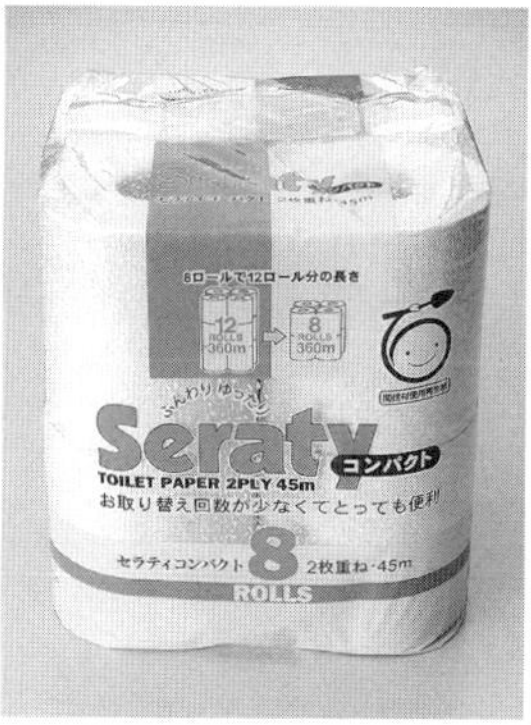

図16　カートカンと空容器を再生したトイレットパーパー

ストレート果汁を贅沢に使用した人気商品カートカンジュース。空容器は毎週の商品配送時に回収するので消費者の手間にはならない。

る容器とは違い、製造時の環境負荷も小さく、資源管理をすれば持続可能な木材を原料としている資源循環型の飲料容器である。また、一般的な紙容器は外国産のパルプ材を主原料に製造されているが、カートカンは材料に国産の木材を三〇パーセント以上使用しており、日本の缶飲料ではじめての間伐材を用いた製品であることを証明する「間伐材マーク」がついた認定商品である（全国森林組合連合会が認証）。カートカン飲料の消費が増えることは、国内の間伐材の有効利用が拡大し、森林の間伐が進むことに繋がるといえる。

さらに、らでぃっしゅぼーやは回収したカートカンを原料の八〇パーセント以上に使用した資源循環型の商品「カートカン再生トイレットペーパー」を、日本ではじめて一般の消費者に向けて発売した（現在は生産／販売を停止している）。

契約生産者とともに農業参入

二〇〇九年、契約生産者の株式会社和郷（以下和郷）と業務提携契約を締結し、共同で農業生産法人「らでぃっしゅファーム和郷株式会社」を設立し農業に参入した。らでぃっ

図17　ファーム和郷

ファーム和郷では，ニンジン，大根，ごぼうといった根菜類を栽培。一畝ごとに採算を計算するといった畑の生産性を見る検証を行った。

しゅファーム和郷株式会社は、仕入先として長年取引関係のある和郷ならびに個々の生産者との共同出資会社で、千葉県香取市内に農地を賃借し、消費者の食の安心・安全ニーズに応えるため、持続可能な有機農業技術による農場を運営した。まず約三・五三ヘクタールの広さから始め、農場で生産される青果物はらでぃっしゅぼーや事業を通じ利用者に提供する。高品質な農産物の安定した確保と、農業に企業的なノウハウを投入することで効率的な生産が可能かどうかの検証の場とも考えていた。同様のスキームで、長崎県でもらでぃっしゅファームを展開している（ファーム和郷については現在運営を行っていない）。

コンビニとネット事業を立ち上げた「らでぃっしゅローソンスーパーマーケット」

二〇一一年「株式会社ローソン」（以下「ローソン」）と「らでぃっしゅぼーや」の合弁会社である「らでぃっしゅローソンスーパーマーケット株式会社」を立ち上げ、ローソンの会員基盤と商品開発力、らでぃっしゅぼーやの品質管理、生鮮品宅配インフラを活用し、新鮮な野菜や両社のプライベートブランド（ＰＢ）商品などを全国配送する安心・産直のネットスーパー「らでぃっしゅローソンスーパーマーケット」を開設した。ローソンの全国約一万店舗へ向けた商品開発力や共通ポイントサービスＰｏｎｔａ会員の購買データに

図18　らでぃっしゅローソンスーパーマーケット

ローソンの便利さにらでぃっしゅぼーやのこだわりの商品と宅配インフラがミックスされた新サービス。

基づくCRM（顧客管理）ノウハウと、らでぃっしゅぼーやの持つ高い品質管理基準や全国への生鮮品宅配の知見を活用した。そして野菜や加工食品、日用品など毎日の暮らしに必要な品物を、インターネットを通じて便利に購入できるネットスーパーを目指した（その後、両社は販売チャネルを整理し、本サービスは現在らでぃっしゅぼーや事業に統合されている）。

このように、らでぃっしゅぼーやでは、さまざまな取り組みにより、生産者・メーカーと消費者との間に良好な関係を築きながら、安心・安全でおいしい食品等の開発をめざしている。

第2章　新規就農者とめざす持続可能な農業

――「坂ノ途中」から見える風景――

小野邦彦

小野邦彦
（おの　くにひこ）

1983年，奈良県生まれ。
株式会社坂ノ途中代表取締役。

京都大学総合人間学部卒業。専攻は文化人類学。外資系金融機関での「修行期間」を経て，2009年，株式会社坂ノ途中を設立。「未来からの前借り，やめよう！」というメッセージを掲げ，農薬や化学肥料不使用で栽培された農産物の販売や育成機能をもつ自社農場の運営を通して，環境負荷の小さい農業を実践する農業者を支えている。東アフリカでの契約栽培や有機農業の普及活動にも取り組み，2013年にはウガンダに現地法人Saka no Tochu East Africaを設立した。第4回京都文化ベンチャーコンペティション京都府知事賞最優秀賞受賞，第1回京信・地域の起業家大賞最優秀賞受賞，三菱東京UFJ銀行主催Rise Up Festa最優秀賞受賞。2012年には世界経済フォーラムより次世代を担う若手リーダーとして“Global Shapers”に選出されている。

1　坂ノ途中と新規就農

「未来からの前借り、やめよう！」

株式会社坂ノ途中は、新規就農者が農薬や化学肥料不使用で栽培した農産物の販売を行っている、京都市南区に拠点を置く小さな会社だ。二〇〇九年七月の設立から、急速にとはいえないが確実に成長を続けている。本章では、坂ノ途中の等身大の活動を紹介することで、農産物の作り手も売り手も多様化していることを伝え、農業分野に起きている変化の胎動のようなものを感じ取ってもらう機会としたいと思う。

坂ノ途中が目指しているのは、「環境負荷の小さい農業を実践する農業者を増やすこと」である。それを通じ、農業を持続可能なものにしたい、ひいては持続可能な社会にたどり着きたいと考えている。

おおざっぱにいって化学肥料に依存した栽培では、生長の加速や多収が期待できる反面、農作物が他の生物に負けやすくなってしまう[1]。その結果、他の生物を排除するための化学合成農薬の必要性が高まる。農薬は、「薬」とついてはいるが、殺菌剤、殺虫剤、除草剤というように、菌や虫や植物を「殺す」作用を期待されているものがほとんどだ。

農薬を多用すると有機物を分解してくれる土中の微生物が減少してしまうため、より直接的に農作物に栄養を供給できる化学肥料の必要性が高まる。そうして化学肥料への依存度をより高めた農作物は他の生物に対しさらに競争劣位性を持つ（対抗力が弱くなる）ことになるし、かつ生物的な競争環境が失われた農地では特定の虫や菌が大きく数を増やす可能性が高まる。そのため虫害や病気が深刻化しやすくなり、農薬の登場シーンは増えやすくなる。[2]

こうして農薬と化学肥料は相互に必要性を高めあい、農業者の農薬や化学肥料への依存度は大きくなっていく。多投されていく過程で着実に土は痩せていき（生物の種類や量の減少と「土が痩せる」は雑駁にいえば同義ととらえられる）、将来の収量期待値は低下していく。痩せた土地に投入された肥料の多くは地下に染み込み、流出し、地下水や河川を汚染していく。つまり、農薬や化学肥料に代表される外部資材に依存した農業の低コストは、将来へ負担を先送りし、持続可能性を放棄することで実現されているという側面が少なからずある。坂ノ途中ではこうした構図を「未来からの前借り」ととらえ、「未来からの前借り、やめよう！」というメッセージを掲げ事業を展開しているのだ。

あるいは別の視点では、化学肥料の一部はリン鉱石やカリ鉱石といった鉱物資源を原料としている（日本はリン鉱石、カリ鉱石ともに自給率ゼロパーセントだ）。たとえばリンの場合、中国が代表的な対日輸出国となっているが、そう遠くない未来に枯渇することが予想されている。土地を痩せさせ、リン鉱石が枯渇する未来にリン鉱石に依存せざるをえない農地を遺すことは、けっこう罪深いのではないかと思っている[3]。

また、エネルギー消費、循環の観点にも少しだけ触れたい。窒素肥料は空気中の窒素に水素ガスを加え化学反応によりアンモニアを合成するという方法で作られるが[4]、その際に膨大な天然ガスを消費する[5]。そうして生み出された窒素肥料は、多収をもたらす魔法として一部の国や地域で過剰投入されている。世界中で投入される窒素のうち植物が吸収するのは四七パーセント程度。とくに中国やインド、米国の穀物栽培地域で過剰投入されている（『ナショナルジオグラフィック』二〇一三年）。投入された窒素（やリン）の一部は河川に流れこみ、沿岸地域で植物性プランクトンや藻の異常発生を招く。その結果、デッドゾーンと呼ばれる極端に酸素濃度が低く海洋生物が生存できない海域が生じている。デッドゾーンはメキシコ湾や中国沿岸部が代表的な印象だが、日本でも貧酸素水塊とよばれ、閉鎖的な内湾で発生している（ただし日本の場合、生活排水や工業排水、さらには浚渫《しゅんせつ》や埋め立てなどのインパクトが大きく、農業排水は複数ある要因の一つ、という位置づけだ)。

こういった背景をふまえると、農薬や化学肥料をはじめとする外部資材への依存度の低減を図る、土壌の物理性、生物性、化学性の改善を図る（土作りや育土と呼ばれる)、季節や土のコンディションにあった作物を選択するなど、農業が持っている環境負荷を小さくしていくための工夫を多角的に積み重ねることは、農業や社会の将来の姿をデザインしていくうえで欠かせない視点だといえよう。坂ノ途中はこのような発想に基づいて、環境負荷の小さい農業を広げるための方法を考え、それを事業として行動に移している会社なのだ。

ここで、単純に農薬や化学肥料の使用を悪、農薬化学肥料不使用での栽培を善とするつもりはまったくないと言明しておきたい。たとえば、栽培技術の未熟さゆえに有機肥料をドボドボと多投してしまう有機農家よりも、「ここぞ」というタイミングで農薬や化学肥料をピンポイントで使用する農家の方が明らかに環境への負荷は小さいといえる。大切なことは、「有機農業すなわち善」「農薬使用すなわち悪」といった単純な答えに安住することなく、自身の営農スタイルが持っている環境負荷を理解すること。そして、それぞれの気候や土壌（あるいは地域の余剰有機物の種類や性質も把握すべきだし、販路も自分で構築することを選ぶのならば消費地との距離も勘案する必要があるだろう）に合わせ、土作りに重きを置いた農業を実践できる、「考える農家」を増加させることなのだ。

三種の新規就農

実は今、就農を志す若者は増えているのだが、実際の就農者数はおおよそ横ばいにとどまっている（表1）。農林水産省が用いる「新規就農者」という言葉には、「新規自営農業就農者」「新規雇用就農者」「新規参入者」という三つのカテゴリーが含まれている。細かな定義は省くが、新規自営農業就農とは農家の家族が農業経営に加わる（定年を迎え、父親が続けてきた農業を手伝うなど）こと、新規雇用就農とは農業法人などに雇用されることで農業を行うようになる（「雇われ就農」といわれたりする）こと、新規参入とは農地などを相続などでなく独自に調達して新たに農業経営を開始する（「独立就農」といわれたりする）ことを意味する。新規自営農業就農は数としては多いのだが、半数以上が六〇歳以上であったり、家族（多くの場合は両親）が築いてきた関係性が制約となっていて、大幅な営農スタイルの変更は難しい[6]。また設備や販路などが揃っていて、独立就農に比べ

表１　新規就農者数の推移

（単位：人）

区分	2006	2007	2008	2009	2010	2011（年）
（広義の）新規就農者	81,030	73,460	60,000	66,820	54,570	58,120
39歳以下	14,740	14,340	14,430	15,030	13,150	14,220
40-59歳	27,490	23,050	17,760	18,210	13,970	12,610
60歳以上	38,800	36,070	27,800	33,580	27,440	31,290
新規自営農業就農者	72,350	64,420	49,640	57,400	44,800	47,100
39歳以下	10,310	9,640	8,320	9,310	7,660	7,560
40-59歳	24,470	20,050	14,600	15,830	10,930	9,620
60歳以上	37,560	34,730	26,710	32,260	26,210	29,920
新規雇用就農者	6,510	7,290	8,400	7,570	8,040	8,920
39歳以下	3,730	4,140	5,530	5,100	4,850	5,860
40-59歳	2,100	2,280	2,360	1,660	2,370	2,230
60歳以上	680	880	510	810	810	830
新規参入者	2,180	1,750	1,960	1,850	1,730	2,100
39歳以下	700	560	580	620	640	800
40-59歳	920	720	800	720	670	760
60歳以上	560	460	580	510	420	540

注：2010年の新規参入者は東日本大震災の影響で調査不能となった岩手県，宮城県，福島県の全域と青森県の一部地域を除いた集計。

下一桁を四捨五入している。

て比較的順調なスタートを切りやすいことから、今のところ坂ノ途中のパートナーとなる方の数は多くない（提携生産者のうち一〇パーセント程度だろうか）。

坂ノ途中が連携している就農者の多くは「独立就農」を果たした新規参入者だ。おおざっぱなくくり方で申し訳ないが、本章で就農希望者や新規就農者という言葉を用いる場合、主に独立就農を志す人や独立就農を果たした人、あるいは親の跡を継いだり就職型の就農であっても進取の気性に富んだ人を指していると思ってほしい。なお、地権者との口約束で農地を借りて耕作を始める就農者も多く、彼らの人数は統計には表われてこない。実際の新規参入者は表1の二倍程度はいるのではないかと思う。

有機農業を志向する新規就農者

就農希望者（その中には女性も多い）と話していて驚くのは、「有機農業」を志す人がとても多いことだ。[7]たとえば、「農業を仕事にするきっかけ」の提供を目的とし農林水産省と厚生労働省が後援、全国農業会議所が主催した「新・農業人フェア」（二〇一三年は株式会社リクルートジョブズが主催）に訪れる新規就農希望者の九割以上が「有機農業を希望」または「有機農業に興味がある」と答えているという。[8]

一方で、「新・農業人フェア」にブース出展している生産法人で有機農業に取り組んでいるところはほとんどない。就農希望者は、その後の就農を目指すプロセスで周囲から有機農業はあきらめるよう諭される機会が多い。しかし無事就農までたどり着いた人のうち二〇パーセント以上が「全作物で有機農業に取り組んでいる」と答え、「一部作物で有機農業に取り組んでいる」「できるだけ有機農業に取り組んでいる」という回答を合わせると七〇パーセント以上に達する（全国農業会議所　二〇一一年）。日本の農業全体では有機農業に取り組む生産者の割合が一パーセント以下である現状と比べると大きな違いがあるといえるし、環境負荷低減を目指すためには新規参入者を増加させるべきであるということが理解してもらえると思う。

少なくない離農者

もちろん「都会での生活に疲れた」「今よりも楽な仕事に就きたくて、農業を検討している」といった見当違いな就農希望者もいるが、しっかりと自分の価値観や人生観を固めたうえで就農を志す若者も多い。けれども、たいていの就農希望者は就農しない。理由はさまざまで、農地や住居の確保ができない、家族が反対するなどあるが、大きな理由としてよく挙げられるものに「食べていけそうにない」というものがある。

そして就農希望者のなかで特別にタイミングがよかったり、粘り強かったりした者が就農を果たすが、数年以内に離農してしまうケースが後を絶たない。たとえば、たまたま手元に資料がある山形県の場合、親が非農家の自営新規就農者（新規参入就農者と呼ばれる）の就農五年以内に離農する割合は二五〜三〇パーセント程度で推移している（離農率に関する網羅的な統計資料は現状見当たらない。農林水産省も各自治体も就農者数の増加に関しては目標値を設定したり予算をつける一方で、就農後の継続性に関しては興味関心が薄いように思えてならない）。

また、行政とはつながりを作らず知り合いのつてで田畑を借りて農業を始めるなどした新規就農者は、頼れる先が少なく離農しやすい傾向があると考えられるが、行政はその実態を把握していないことも多い。こうした離農者も相当数いることをふまえると、僕の肌感覚では五年以内に離農する割合は四割程度ではないかと思う。一方で、Uターン新規就農者（親や親族の跡継ぎ、表1での新規自営就農者）の場合は五パーセント程度であり（農林水産省　二〇〇九年など）、新規参入就農の難易度の高さを物語っている。[9]

なお、しばしば離農率は、企業に入社した新規学卒者の離職率（三年以内に離職する率三〇パーセント程度）と比較されるが、初期投資が必要な分、離職に比べ離農の方がはるかにスイッチングコストが大きい。新規参入就農者の場合、農業分野での自営、起業を目指していくわけで、その職業の「続けにくさ」を論じるには廃業率と比較するべきであろう。

あるいは、全国新規就農相談センターが約一〇年以内の就農者を対象にアンケートを取ったところ、七二・三パーセントが今の農業所得では生活が成り立たないと回答し、そのうち六割が生計を立てられるメドが立たないと回答している（全国農業会議所　二〇一一年）。つまり就農者の四割が経営が成り立つ見込みがなく、ギブアップ寸前の状態だといえる。

新規就農者のパートナーとして

僕は、せっかく農業に興味を持つ若者が多数いて、しかもそのうちの多くは環境への配慮をした農業を志しているのに、新規就農に結びつかず、かつ就農を果たしても続けていくことが難しい現状を、非常に「もったいない」と思っている。志ある若者が就農をあきらめる一方で耕作放棄地は増加を続けているし、農薬や化学肥料を多投し周辺の生態系を壊し続けている農業者も、気候から大きく外れた作物を選択し大量の重油を焚いて温度管理する農業者も少なくないのだ[10]。

このような背景をふまえ、坂ノ途中では、志ある就農希望者が環境への負荷の小さい農業を始めやすい仕組み、続けやすい仕組みを作ることにより、新規就農者を増加、定着させ、環境負荷の小さい農業の実践者を増やすことが、農業を持続可能にするための最短ルートだと考えている。成長途上にある就農希望者や新規就農者のパートナーであろうという意味を込めて、「坂ノ途中」という社名はつけられている。

就農するということ

農業は特殊な仕事だ。農業を生業としていると言うと、多くの人に「親御さんも農家なんですか」と問われる。僕のように野菜を販売する仕事をしていてもこの質問にはよく出会う[11]。「いや、そういうわけではないんですが……」と答えると、やや首をかしげながら「じゃあご両親は野菜の販売をされているんですか」と畳み掛けてくる人も毎年二〇人くらいはお会いする[12]。他の仕事をしている方は、これほどストレートに親の仕事を問われる機会は少ないのではないだろうか。農業の特殊性が浮かび上がる例だと思う。

もう一つ、農業の特殊性を物語るエピソードを挙げる。たとえばパン屋さんを始めることを想像してもらいたい。パン屋として生きていくために何が必要かという問いに対するたいていの答えは二つに集約される。それは、「パンを作れること」と「作ったパンが売れること」だ。一方で、就農して農家として生きていくために何が必要かと問えば、八割くらいの人は、まとまった農地、家、機械、栽培技術、ビニルハウスといった、いわば「農産物が作れること」の条件ばかりを挙げる。[13] パン作りも野菜作りもビジネスモデルは同じで、「作れること」と「売れること」、二つの必要条件があるのだが、なぜかパンではそれが想像できて、野菜では想像できないのだ。

新規就農の課題を調査するためのアンケートでも、「作れること」に関する問いしか設定されていないこともある。理由の一つには、農産物流通の主流を占めている市場出荷という形態が前提視されていることがあるだろう。しかし実際は、課題調査では想定されないことさえある販路開拓が、多くの例外はあるものの就農者にとって非常に高いハードルとなっている。

空いている農地を見つけることが就農の第一ステップとなる。空いている農地は、周囲の農地に比べ相対的に条件が悪いから空いている、という場合が多い。小さい、水はけが悪い、日当たりが悪い、獣の被害を受けやすい、消費地から離れすぎている、など。規模の小さい農地で、大型の機械や設備などを用いることなく、その他の悪条件に四苦八苦しながら少しずつ土壌改良を進めるというのが、新規就農者の典型的な立ち上げ期の姿だろう。必然的に、収穫量は少量になるし、不安定にもなりやすい。これが、新規就農者の販路開拓を困難なものにしている。

既存販路の実際

農産物の流通経路で一番巨大なものは卸売市場を通じた流通だが、見た目の規格を揃えることが要求され、単価が安くなりがちであるため、生産物が不揃いで収穫量も少ない新規就農者にとっては非常に相性が悪い販路だといえる。(14) 比較的高付加価値型の農産物を中心に扱う農産物流通企業も複数存在するが、そうした企業にとっても少量不安定な生産者は「面倒くさい相手」であるため、新規就農者は敬遠されがちだ。

「道の駅」などの直売所は比較的活用しやすい販路ではあるが、メインの出荷先にはなりにくい。趣味で農業をしている地元の高齢者がかなり安価な値付けで販売していることが多く（しかもベテランの経験から上手に作る方も少なくない）、その価格と張り合ってまともな売り上げを確保することは不可能に近い。もちろん、高齢者の方が農業を楽しむことはとても素晴らしいと思うし、出荷される際の値付けも、「みんなに喜んでもらいたい」という気持ちでサービス価格に設定されているのだと思う。それに感謝して、ありがたく買って帰る消費者もたくさんいるだろう。けれどその善意が、実は新規就農者の生活を圧迫していたりする。

特定の個人宅に季節の野菜を詰め合わせにして定期的に買ってもらう「提携」という販売スタイルは、かつての有機農業運動（後述）の時代から有機農家が活用してきた、有機農業における伝家の宝刀ともいうべき販路だが、この販路もやや錆びついてきてしまっている。かつてほど地域に購買力がないのだ。各家庭の構成人数の減少と一人あたり野菜消費量の減少が合わさって、一家庭あたり購入してもらえる野菜の量はそれほど多くない。新規就農では農地を求めて山間地域で就農することも珍しくないが、その場合地域の一般家庭に買ってもらうということはほぼ不可能だろう（営業しても「うちも作ってんねん」と断られるのがオチだ）。またこのスタイルは配達や集金、ちょっとした「お知らせ」の作成や問い合わせ対応など、農地外で発生する仕事が相当に多く、一人でやりくりするのは厳しい。比較的大きな町（人口一〇万人程度が目安だろうか）に近いところで夫婦で就農する場合などでは、うまく機能しているケースも見かける。[15]

新規就農者の強み

新規就農者の収穫量は少量になるし、不安定になりやすい。では彼らの農業技術が未熟なのかといえば、決してそんなことはない。少量不安定になる大きな要因は就農者自身であるというよりも、条件のいい農地がなかなか新規就農者に回ってこない農業構造（農地の流動性が低く、持てる者／持たざる者の格差が大きい）なのだ。むしろ栽培技術は、相当に高いレベルに就農から数年でたどり着くことだって多い（大きく個人差があるが、それは既存の農業者も同様だろう）。就農が相当厳しい戦いになることを覚悟の上で就農しているので、本当に熱心に勉強しているし、よく働く。経験不足は否めないが、各地の生産者を訪ね参考事例をかき集め、科学的、体系的な知識や論理的思考力でその弱点を補っている。その結果、収穫を迎えた農産物はかなりおいしいことが多い。しかしながら、おいしくても少量不安定な農産物を売りたがる流通企業はほとんど存在しないのが現状なのだ。栽培する者のキャリアが浅く、生産量も少量不安定だけどおいしい農産物。これが売れる仕組みを作ることが、新規就農者を増やすために不可欠なことなのだ。

坂ノ途中の事業概観

前述した背景から、「収穫が少量だったり不安定になりがちだがおいしい野菜」が「売れる仕組み」を作ることができれば、新規就農者の経営状況は改善し、すでに就農している人は継続しやすくなるし、就農を検討している人たちも次の一歩を踏み出しやすくなるだろう。坂ノ途中ではそう考え、少量不安定、だけど手間暇かけて育てられたおいしい野菜を売ることを主な業務としている。機械化され低コストで大量生産された靴や鞄が売れる一方でハンドメイドの靴や鞄も高く評価されているように、「ハンドメイドの野菜」として多くの人に歓迎される世の中にしたいと思っている。

現在坂ノ途中では六〇軒程度の生産者と提携して事業を展開している。生産地は京都を中心に関西圏が八割以上。一部、九州や中・四国の生産者とも取引がある。生産者のほとんどが新規就農者だ。新規就農者が栽培した農産物にフォーカスし事業を成立させているのは、日本ではおそらく坂ノ途中だけだと思う。栽培の計画からともに検討して、細かな生育状況なども把握していくことで生産量予測の精度を高め、生産者一人一人は少量だったり不安定な生産をしていても、グループ全体では相当に安定していたりまとまった量を確保できるという状態を作りだしている。つまり、少量・不安定という弱点をネットワーク化によって低減させているのだ。

特別な場合を除き、栽培期間中、化学合成農薬および化学肥料不使用で栽培された農産物だけを扱うのも大きな特徴だ。ただしこの線引きには顧客からの理解の得やすさを確保するといった意味合いも多分に含まれていて、環境負荷の大きさと必ずしも一致しない。農薬や化学肥料を状況に応じて使う、仲のいい若手農業者や尊敬できる先輩農業者とも情報交換する機会は多いし、有機肥料の肥効メカニズムなど最低限の知識に欠け学ぶ意欲も感じられない農業者とは、農薬化学肥料不使用の栽培であっても取引をしていない。そういった農業者の圃場は結果的に肥料過多に陥っている場合が多く、環境負荷が大きく食味もあまりよくないことがほとんどだ。

コメや果物も扱うが、メインは野菜。野菜の取り扱いは年間三〇〇種類程度にもなり、カラフルな西洋野菜から京都や奈良の伝統野菜まで幅広いバリエーションを確保している。提携生産者に挑戦意欲旺盛な方が多いことがこのバリエーションを可能にしている。

坂ノ途中の販路

飲食店向けの卸売りからスタートしたが、現在の販売先はおよそ五〇パーセント程度が通販サイト「坂ノ途中Web Shop」を通じての個人向け販売、二〇パーセント程度がレストランやホテルなど飲食店向け卸、二〇パーセント程度が自然食品店など小売店向け卸、五パーセント程度が通販企業向け卸、残り五パーセント程度が自社の直営店舗「坂ノ途中soil」での販売となっている。販売に関して営業らしい営業はできておらず口コミに頼っているのが実情だが、「実はおいしい」という強みのおかげでリピーターを確保し、なんとか売り上げを増加させ続けている。二〇一五年三月には、東京都渋谷区に二店舗目となる直営店舗「坂ノ途中soil ヨヨギ garage」をオープンさせた。

農業者（とくに有機農家）と直接取引してきた経験を持つシェフや自然食品店さんからは、「（供給が）不思議なくらい安定しているね」と褒められることもしばしばだ。実は、農業者との直接契約に憧れ挑戦してみたものの、あまりの不安定さに取りやめた（やめざるをえなかった）経験を持つシェフはとても多い。しかし彼らは、できればオーガニックのものを使いたいとか、季節に合った料理をしたい、畑にも足を運びたい、といった思いを持っている。また、自然食品店さんには、本当は地域の生産者のものを中心に扱いたいという思いを持ちつつも、そうすると細かい取引が多くなりすぎてコントロールできないことからあきらめざるを得ず、大産地の生産法人や流通企業から取り寄せている店舗も多い。

　分散して栽培を依頼することで、個々の生産者の供給は少量不安定でもグループ全体としては安定しているという状態を目指すという坂ノ途中の挑戦は、こういったシェフや自然食品店さんに受け入れられて、少しずつ取扱量を増やしている。

　インターネットを活用した通販では、はじめに「お試しセット」を購入してもらい、気

図１　京都市南区の直営店舗「坂ノ途中soil」（上）と、東京都渋谷区の「坂ノ途中soil ヨヨギ garage」（下）

図2　季節ごとの野菜セットの例

に入ったら「定期宅配」を申し込んでもらうというのを基本的な流れとしている。宣伝広告にお金をかけることができていないこともあり、ウェブサイトへのアクセス数は決して多くない。また、アクセスしてくれた方のうちお試しセットを購入してくれる方の割合もそれほど高くはないと思う。しかし、お試しセットを購入した方が定期宅配を申し込んでくれる確率が三〇パーセント前後という非常に高い水準で推移しており、解約する人も少

図３　ひとつずつ，丁寧に箱詰めをしている

ないため、定期宅配の利用者は毎月安定的に増えている。この、お試しセットから定期宅配の申し込み率が高い水準を維持できている一番の理由は、前述の通り新規就農者の農産物が「実はおいしい」ことにほかならないだろう。

また、農産物の定期宅配が解約される大きな理由に、「同じようなものばかり届く」というものがある。季節に合わせた農産物を扱うと時期によってはバリエーションが確保しづらいという点は、個人向け販売をしている農業者も流通企業も皆が頭を悩ませる課題だ。坂ノ途中の場合、生産者の挑戦意欲に支えられ、西洋野菜や伝統野菜などのちょっと変わったアイテムを入れ込みバリエーションが確保できているため、飽きられにくいというのも大きな特徴だろう。たとえばもっとも品目の多い「Lセット」の場合、毎回一六～一九種類程度の野菜を送る。これだけの種類の野菜、しかもすべてが農薬化学肥料不使用で栽培され食味もすぐれたものを、毎回飽きられないラインナップでバランスよく提供できるチームはなかなか存在しないと自負している。

このような「実はおいしい」「飽きない」というのが消費者に直接提供できている便益として通販の成長を支えている大きな要素だが、消費者は便益だけを求めて買い物をしているわけではない。とても多くの方が、僕たちのメッセージに共感し応援してくれている。東京の百貨店に催事出展する機会も多いのだが、その際に多くのお客さまが僕たちの顔を見に来てくれる。差し入れを持ってきてくれる方や「残りそうなのはどれ?」と尋ねてから買い物をしてくれる方、一週間の期間中に何度も顔を出してくれる方もいて、温かく応援してくれていることを実感する機会になっている。その他、京都観光の際に実店舗に立ち寄ってくれる方や、料理方法や家族からの料理への感想をメールしてくれる方も多い(写真付きの場合もある)。「野菜の顔ぶれの変化から、子供が季節の移り変わりを気にするようになりました」なんてコメントをもらえたり、メールの末尾に「坂ノ途中の応援団長より」と書き添えてあるのを発見するととてもうれしくなる。

これが、坂ノ途中がメインの事業として取り組んでいることだ。次節では、このような事業を展開するに至ったこれまでを振り返ってみたい。

2　坂ノ途中ができるまで

奈良から京都へ

僕は一九八三年一一月五日、奈良県の斑鳩町という小さな町で四人兄弟の末っ子として生まれた。小さい頃はなかなか手のかかる子供だったようだ。他の生き物や存在への愛着や思い入れがとても強く、虫や草を踏んでしまうことを恐れ「もう僕は外にでない」と宣言したり、壊れてしまった電子レンジが廃棄されるのを泣き叫んで止めようとしたりしたことを覚えている。

このような、優しいといえば長所のようにも聞こえるけれど、現実の社会とは折り合わない感性を持っている子供は実はたくさんいて、成長する過程でそういった個性は失われていくことが多いのではないかと思う。僕もそのうちの一人で、地元の公立小学校、公立中学校に通っているうちに、「普通の」わかりやすくて騒がしい子供へと軌道修正されていった。

奈良市内にある県立高校に進むと、居酒屋や製麺工場でのアルバイトに明け暮れ、給料は洋服代と携帯電話代に消えていった。沢木耕太郎の『深夜特急』という旅行記やお笑い芸人がヒッチハイクで旅をするテレビ番組の影響で芽生えた、高校を卒業したらとにかく遠くへ、いろんな国へ行ってみようという思い以外は、目標や希望を持つことなく受験期を迎え、京都大学総合人間学部を「ここならとりあえず選択を先延ばしにできるだろう」というなんとも後ろ向きな動機で受験した。(16) 運よく合格し、京都で一人暮らしを始めることになった。

一人暮らしをしてはじめてスーパーで野菜を買い、あまりにおいしくないことにびっくりした。実は小野家では、自営業のかたわらではあったが家庭菜園というには大きすぎるような規模で農地を借り両親が多品種の野菜を育てていて、ずっとそれを食べていた。とくに中学生になった頃から父親の糖尿病がやや深刻化し、食卓に上がる料理は徒歩数分の畑で収穫した野菜中心のヘルシーなものばかりになっていった。野菜を作る両親をすごいと思ったことはなかったけれど（むしろサラリーマン家庭が都会的でうらやましかった）、スーパーで買った野菜を食べたことで少しだけ両親のことを見直したし、見た目は似た農産物でも大きな違いがあることを実感し、それが農業や農産物の流通に関して興味を持つきっかけにもなった。農薬や化学肥料の功罪なども、「つまみ食い」程度にだが、勉強してみたりもした。

生き方の選択

入学後、夏休みに東南アジアをふらふらと旅行する以外はアルバイトと麻雀に全力を投入する自堕落な学生生活を過ごした。三年生から四年生に上がるタイミングで、今まで以上に長い旅行に出てみたいと思い大学を休学し、上海へと船で渡った。

ずっと旅行をしていると、少しずつ好奇心が摩耗していくのがわかる。それまでの一カ月程度の旅行だと、やや疲れてきた頃に帰国するので十分に楽しめたけれど、もっと長期間旅行をし続けたときに自分はどうなるのか、それを確かめておきたいと思った。好奇心が擦り切れてしまって無感動になってしまうのか（実際そのような状態に陥っている長期旅行者も多い）、それとも「旅慣れ」と好奇心を同居させることができるのか。このことを把握しておくことは、うまくいえないが、これから生きていくために必要なことだと思ったのだ。旅行しているうちに、自分が本当に大切だと思うこと、飽き性な自分が続けられることも見えてくるだろうとも思った。

上海に到着後、南下しベトナムやラオスを周り、再度北上し中国雲南省や四川省を訪れた。チベット人のふりをしてチベットの外国人非開放エリア(17)をうろうろしながらチベットの中心地ラサにたどり着き、ヒマラヤを超えてネパールへ降りた。その後もインド、パキスタン、イラン、アルメニア、グルジアと陸路で旅行を続け、トルコから帰国した。このひたすら旅行していた日々は、いろんな意味で自分の人生や価値観を形作っている。多くの人に助けられ、返しきれないほどの恩を感じている。せめて彼らに胸を張れる生き方をしなければと思う。

チベットでは標高四〇〇〇メートルを超えるような地域を移動し続けた。そこまで標高が高いと、植生は見慣れているものとはかけ離れているし、人々の暮らし方もまったく違う。まるで別の星にいるみたいだ。パキスタンの北部では、一人で氷河を見に行った。見渡す限り自分以外の動物がいない空間で聞く氷河がきしむ音は、地球の鼓動のように思えた。あまりに自然は力強く雄大で、人がコントロールできるなんてことはありえないと思った。一方で、都市生活の歪みを目の当たりにする機会も多かった。明らかに、田舎よりも都市部の方が笑っていない人が多い。人は土から離れるにつれて、どんどんと近視眼的になるようだ。

　自然への畏怖を持ちながら、長期的な目線をもって循環する社会をめざす生き方か、自然をコントロールできるものととらえ、遠くを思う想像力をシャットダウンして目の前の豊かさを追いかける生き方か。どちらの生き方をしていくのか、選択を迫られているような気がした。

図４　チベットの峠越えの風景

　標高5250メートル。晴れていれば向こうにはチョモランマが見えるという。チベットのお経が印刷された旗「ルンタ」が強風にはためき，自然への畏怖が湧く風景だと思う。だが足元は観光客がツアーバスから投げ捨てるペットボトルやビニル袋だらけだ。

　そして僕は、前者、自然と共にある生き方を選び取りたいと思った。環境へ過度の負担をかけなければ継続できない人間の社会生活のありさまに、小さな頃から、うまく言語化できないながらも罪悪感に似たものを感じていた。そういった感情は学校生活や友達づきあいではまったく不要なので、成長するにつれてどんどんと心の隅っこに抑え込まれていったけれど、旅行を続けていくなかで見栄や虚飾は剥がれていき、自分の根本的な感覚を取り戻せたのだと思う。何か人と自然との関係性を回復するような仕事を作れないかと考えるようになり、農業が人と自然との結び目なのだと思い至った。

環境保全に関わるNGOなどを憧れの目でみながらも、なんとなく自分がそういう活動をしている姿がしっくりこなかった。しかし農業に携わっている姿は目に浮かんだ。大学入学時のおいしくない野菜に対する驚きも、鮮明に思い出した。今、人と自然との結び目であるべき農業が、歪んでしまっている。農業の新しい形を提案するような仕事をしよう、それがどんなものなのか明確な事業イメージを描けているわけではなかったけれど、ともかくそんな将来像を妄想しながら大学生の最後の一年間を過ごした。

「終わりの風景」を見ながら

蛇足になってしまうが、旅行中に見た、その当時はよくわからず、後になってその意味を理解した光景についても触れておきたい。

ゾロアスター教という宗教がある。古代ペルシャに起源を持ち、善悪二元論的な教義はユダヤ教にも、間接的にはキリスト教にも影響を与え世界宗教の普遍性を持ったといわれるが、イスラムの台頭により衰退し、現代ではイランとインドに数万人程度ずつの信者を有する規模に縮小している。火に礼拝することから拝火教と呼ばれたりもするが、火の他にも空気、大地、水といった自然を「穢す」ことを嫌う。そのような価値観から、遺体を鳥についばませる鳥葬を行ってきた。イランのヤズドという町は、サーサーン朝期（この時代ゾロアスター教は国教だった）におけるゾロアスター教の中心地で、かつて鳥葬に用いられた「沈黙の塔」と呼ばれる施設（の跡地）がある。

図５　ヤズド，沈黙の塔から見下ろした光景

かつては賑わったであろう門前町の家々は砂に埋もれ，二階部分しか見えない。

バスを乗り継いで、沈黙の塔を訪ねた。沈黙の塔は丘の上にあって、円形にレンガが組まれている。丘から見下ろした、かつての「門前町」は砂に埋まっていて、二階部分や屋根が見える程度の廃墟となっていた（ちょうど観光用に発掘作業が行われていた）。そのときは「時の流れは無情なものだ」という程度のありきたりな感想しか持たなかったのだが、後になって、かつて栄えた多くの町や文明が同じような姿になっていることを知った。インダス文明も黄河文明も肥沃だった土地で成立したが、過放牧や過灌漑による塩害、土壌に負担を強いる集約的な農業により、土壌の劣化、浸食が深刻化し住民を養えなくなり、やがて町は放棄された。同じように砂に覆われたり荒野と化したかつての文明や文化の中心地は多い[18]。また現代では想像しづらいが、北アフリカは古代世界の穀倉地帯だった（モントゴメリー 二〇一〇年）。

イランで見た光景は、世界中に存在する「終わりの風景」の一つだったのだ。

サラリーマン体験を経て

将来の起業をイメージしながらも、「サラリーマン」体験をしてみる必要性を感じていたため、修業期間としていったん就職することを選んだ。「どうせなら農業とかけ離れた分野がいいだろう」「起業にむけて資金をためやすい仕事がいい」と、今思い返すと浅はかすぎて恥ずかしいが、そんな理由でフランス系の金融機関を就職先に選んだ。所属は金融工学を駆使し金融商品を開発するストラクチャリングチーム。短期間でできるだけ修業をつもうと考え、会社から徒歩圏内にマンションを借り、冷蔵庫やテレビなど電化製品も買わず、ひたすらに仕事をした。リーマンショックの混乱が一段落した頃に「実はそろそろやめようと思っていまして……」と打ち明け、二年二カ月の修業期間を終え、二〇〇九年五月に退職した。前職の同僚たちは僕の新しいチャレンジをこちらが驚くほどに応援してくれていて、東日本大震災の後に被災農家さんの移転をサポートする事業を行った際には運営資金を寄付してくれたり、今もたくさんの人たちがインターネット通販の定期宅配を利用してくれている。

僕が退職するよりも先に、事前に声をかけていた「坂ノ途中」の立ち上げメンバーの平松（僕の高校の同級生で幼稚園教諭をしていた）と東京で広告系のベンチャー企業に勤めていたもう一名はすでに退職していて、「とっとと始めよう！」と急かされていた。退職後のあいさつまわりもほどほどに慌ただしく京都に引っ越し、「農業×環境みたいな分野で、意味のあることをしよう」というアバウトな事業イメージだけを握りしめ、とにかく二〇〇九年七月二一日に株式会社坂ノ途中を設立した。

「はじまり」の頃

再び京都に引っ越して、まともに事業計画を描くこともなく登記手続きを進めつつ、とりあえずのオフィスとして古いアパートの一室を借りた[19]。しばらくは勉強期間だと考え、とにかく人づてで農家さんを紹介してもらい、いろんな畑へお邪魔した。新規就農者を増やすことが必要なんじゃないかとぼんやりと思っていたので、とくに新規就農者を中心に訪ねた。

たくさん尊敬できる人にも出会えたし、びっくりするほど冷たくされたこともあった。そのなかで見えてきたことは、なんとなく農業分野って盛り上がっていそうというイメージ（農業系のイベントは確かに多いし、就農説明会なども大盛況だ）と、就農を果たした人たちの現実（なかなか農業で生計を立てられず、アルバイトに現金収入を依存しているうちに過労で体を壊してしまうなど）に大きなギャップがあることと、新規就農者の作る野菜が、（失礼だが「意外なほど」）おいしいということだ。先に少し述べた通り、彼らの多くは、相当厳しい戦いになることを覚悟の上で就農していて熱心に勉強し試行錯誤を繰り返している。品質の高さはその成果でもあるし、ものすごくおおざっぱに言ってしまうと、農産物の食味と規模は反比例する傾向があるように思う[20]。新規就農の場合、小さな農地しか確保できないことが多いため、必然的に面積あたりに投入する手間暇が密になり、それも品質によい影響を与えているのだろう。

尊敬できる新規就農者に「あなたみたいな人が増えることが必要だと思うんだけど、僕らが何をしたらうれしいですか」と率直に聞いたところ、「売ってくれるのが一番助かる」という答えをもらうことが多かった。「売れる仕組みがあったら、もっと新規就農者って増えると思うよ」とも。

それならまずは彼らの野菜を売ってみようと、僕たちはとりあえずの方針を固めた。ターゲットは飲食店に定めた。店舗を構えるより低コストだし（冷蔵庫付きの軽トラックを一台買うだけだ）、最初に提携した生産者三名が珍しい野菜にも力を入れていたこともある。[21]そしてなによりも、まず「箔」がほしいと思った。「売れない野菜、誰か買いませんか」ではいつまでたっても売れる気がしない。まずは「プロが認めた野菜」にして、それから販路を広げていこうと考えたのだ。

最初のお客さんは、学生時代アルバイトしていた居酒屋だった。八月二五日に五〇〇〇円分納品したのが初売り上げ。たった一軒でも、つてをたどっての売り上げでも、売り上げは売り上げ。これで「飲食店様向けに珍しい野菜などを卸していまして……」という営業トークが許される。なにもかも手探りでままごとみたいな販売だったけれど、いよいよ動き出したという高揚感を持って、坂ノ途中は秋へと突入していった。

苦戦、そしてメッセージの明確化

ところが、秋が深まり冬が来て、年が変わっても、びっくりするくらい売れなかった。学生時代のつてをたどっていろんなお店を紹介してもらったり、勇気を出して飛び込み営業をしてみたり、飲食店向けクーポンサイトを運営している会社と相乗り営業してみたり。「お客様は神様です」という言葉を真に受けて、どんな小さな注文でもできるだけ応えようと右往左往したたし（数百円の注文のために往復四時間くらいかけて野菜を集荷にいくなんてしょっちゅうだった）、二年ちょっとのサラリーマン時代に鍛えられたビジネス思考とプレゼン力で、「こんな風にしたら原価を抑えられますよ」「外食市場が縮小し競争が激化している今、差別化戦略は必須です。しかし肉や魚で差別化を図るととんでもなくコストがかかります。野菜で差別化する方が費用対効果が大きいんです！」と顧客便益に訴えるロジカルな提案営業もした。

「なるほどねー」「おもしろいねー」とは言われるものの、まとまった注文につながらない。広報活動はそれなりにうまくいっていて、社会貢献性の高い取り組みとして賞をもらったり、全国放送や関西ローカルのテレビ局から取材が入ったりするものの、肝心の売り上げが伸びない。会社設立から半年たった一月の月商が一八万五〇〇〇円。二月の売り上げが二四万円……。「広報活動はうまくいっている、売り上げがついてくるのには時間がかかるもんなんや」と立ち上げメンバーの平松には話していたが(22)、内心「このままじゃダメだ」と焦っていた。

その頃、実務とは少し離れたところで、東京に拠点を置くＮＰＯ法人ＥＴＩＣ．が主催する「ＮＥＣ社会起業塾」という半年間程度のプログラムに参加していた。ビジネスを通じて社会の問題点を解決しようとする起業家を「社会起業家」と呼ぶことがあるが、その「社会起業家」を育成しようとする取り組みだ。「社会起業家」という言葉さえ知らずに起業した僕であるが、「広報活動の一環」という下心ありでエントリーし、なんとか滑り込みで塾生に選んでもらえた。ここでは、かなり突き詰めて自分の価値観ややりたいことを言語化することを求められた。その過程で余分なものがそぎ落とされ、ぼんやりとしていた自分の目指したい方向が明確になっていった。今、僕が「持続可能な社会にたどり着きたいという願いを持っていて、そのために農業が持っている環境負荷を減らしたくて、そのために環境負荷の小さい農業を実践できる人材を増やそうとしている」とそれなりに筋道立てて話すことができるのは、この社会起業塾で「ダメだし」され続けた経験のおかげなのだ。起業後の生産者や顧客との関わりや社会起業塾での経験が組み合わさって、起業当初の、〝農業×環境〟の分野でなにか好循環を生み出せるようなことをしよう、という程度だった事業イメージは、どんどんクリアになっていった。冒頭の「未来からの前借り、やめよう！」で述べたようなことを話せるようになっていったのは、社会起業塾の最終報告会があった三月頃からだろう。

自分の価値観が明確になってくるにつれ、お客さんに「差別化が……」や「原価率が……」なんて言って売っているのが（というか、売ろうとして結局たいして売れないのが）なんだか嫌になってきた。そもそも僕たちが扱っている野菜は、未来へと続く野菜なのだ。この野菜が売れることで、高い技術と情熱をもった新規就農者は、農薬や化学肥料に依存しない土作りを大切にした農業を続けていけるようになり、やがて研修生を受け入れ、次に続く農業者を育てていけるのだ。それを「便利アイテム」みたいに説明するのは（たとえそれがビジネスの常とう手段であっても）、あまりにも目の前の野菜の意味を矮小化してしまっている。なんだか半ばヤケクソになってしまって、お客さんへ渡す資料にも「未来への前借り、やめよう！」なんて文章を入れてみたり、「農業の持続可能性を確保するためにウチの野菜買ってください」なんて言うようになった。カッコつけるのもやめて、「お客さんのために」というポーズもやめて、できるだけ素直に、本心を伝えるようにした。どうせ売れないのなら一〇〇人に一人でも共感してくれる人を見つけた方がいいと思ったのだ。

するとと、ガラリと風景が変わった。お客さんが応援してくれるのだ。自分が買うだけでなくて、周りの人にも勧めてくれる。「こんなふうにしたら」とアイデアもくれる。売り上げも急に増えだした。ウワサを聞いて、自然食品店さんや八百屋さんからも「ウチにも卸してみいひんか」と声がかかるようになった。二月の時点で二四万だった月商は、五月に五〇万を超え、九月に一〇〇万を超えた。

それまで僕は、お客さんは自分の便益しか考えていないと思いこんでいたのだが、まったくそんなことはなかった。むしろ何かしら、世の中をよくするかもしれないものを応援したい、支えたいと思っている人はとても多いのだと知った。その後も売り上げは、多少の波はありながらも着実に増えている。時間はかかったが五期目にはようやく年商一億円を突破した。

こうして坂ノ途中は、どうにかこうにか事業として成り立つように前進してきた。ヤケクソになって以来、販売スタンスはずっと変わっていない。今や売り上げの大黒柱となった通販サイト「坂ノ途中ｗｅｂ」には、どこにも「お客様のために」なんて表現はない。ただ、未来からの前借りをやめるためには僕たちの野菜を買ってくれる人が必要なことと、力強く育った野菜はとてもおいしいことを伝えている。それだけで十分、お客さんは共感して「試しに買ってみる」という一歩を踏み出してくれるし、一度食べてもらえればリピートしたくなるだけの品質の野菜を新規就農者は栽培しているのだ。

震災の日も、野菜を売っていた

二年間ほど、毎週金曜日に京都市北区のカフェの前で駐車場にタープを張り、折り畳みのテーブルを広げて野菜を売っていた。夏はひどく暑いし、冬は誰もが同情するくらいに寒い。しかもそれほど売れるわけでもない[23]。けれど店舗を持たなかった坂ノ途中にとって[24]、直接消費者に対して自分たちの野菜をお披露目し反応を得られる貴重な機会だったため、ずっと続けていた。

二〇一一年三月一一日。その日も金曜日だった。販売を終えて片づけをしていると、カフェのオーナーがやってきた。「なんか、大変なことになってるらしいな」。屋外で立ち仕事をしていたので気が付かなかったのだが、何やら大きな地震が起こったらしい。とにかく情報が錯そうしていた。いつも通り原付に乗って帰社した僕は、情報を集めるにつれ血の気が引いていった。とんでもないことが起きていると思った。

それから数日は、頭のどこかが麻痺しているような感覚を持ちながら、とりあえず一三日から予定していた東京出張をキャンセルし、目の前の混乱に対応していった。関東向けの物流が機能しているかわからないなか、生産者さんに収穫量を細かく調整してもらったり、それぞれのお客さんに連絡を取ったり。原発事故に関する報道も混乱を極めていた。当時輸出していたシンガポールのオーガニックスーパーからの質問に、自信を持って答えられないのが辛かった。立ち止まると動けなくなってしまいそうで、いつも以上に地道に、たんたんと仕事をこなすようにしていた。次々にくる問い合わせに対応しながら、僕たちができることは何か、自問していた。

「ハローファームプロジェクト」

二〇一一年五月、被災農家さんの西への移住をサポートする「ハローファームプロジェクト」を開始した。「被災農家さんに移住という選択肢を提供すること」を目的とした。「未来からの前借り」の代表格ともいえる原発がもたらした影響で、豊かな土壌を育てていた農業者がその土を引き剥がし放棄することを求められる（そしてそれは「除染」と呼ばれる）。こんな理不尽な話ってない。とてもたくさんの、技術と経験を持った農業者が離農してしまったし、中には自死を選ぶ人もいた。

関西で、野菜を売っている僕たちだからこそできることを考え、このプロジェクトを始めるに至った。農業者にとって移住はとても勇気のいる決断だ。まず、今まで培ってきた経験を活かせる条件の農地や住まいの確保が難しい。仮に条件の合う農地が見つかったとしても、市場出荷を用いず販路を自分で作っていくスタイルの農業をしている場合、見ず知らずの土地で販路をゼロから作っていく必要がある。これは相当に難易度が高い[25]。一般的な移住支援の場合、農地や住居を確保した時点で一通り「完了」とされる。しかしながら、農業を継続できるだけの売上を確保するための挑戦は、むしろ移住後に始まる。坂ノ途中なら、移住後にはパートナーとして一緒にビジネスを作っていける。販売機能をもつ企業が移住を希望する農業者と連携することの意義は大きいと考えたのだ。

大学の研究室の後輩である宮下（現「坂ノ途中イーストアフリカ」代表）がこのプロジェクトを担当することが決まった。このプロジェクトは、お金を生める見込みがまったくない非営利のものだ。一年間、プロジェクトを実施するための費用として一五〇万円が必要だと試算し、前職の同僚を飲みに誘った。引きこもり気質な僕が、自分から飲みに誘うなんてことはほとんどない。おそらく同僚は僕から電話があった時点で、何か頼みごとがあるのだろうと察していたと思う。騒がしい居酒屋でプロジェクトの概要を話し、意義は大きいが資金がないと伝えた。「いくらあったらできるの？」「一五〇万円とか……」「振り込んどくわ」。こうして、宮下は大学院に休学届を提出し、「ハローファームプロジェクト」は始まった。プロジェクト開始後、四〇件を超す移住検討者からの連絡をもらい、一方で農地や家屋を提供してもよいという方からも同数に近い問い合わせをもらった。「選択肢の提供」という意図がうまく伝わらず、「〇〇（自治体や地域の名前）を捨てろということか！」と行政職員さんなどに疎まれることもあったが、一方で、活動を支持してくれる方ともたくさん出会えた。移住を検討する方は多くても、移住して農業を続けるというハードルはとても高く、実際に移住し、かつ農業を販売農家として続けるという方は少数にとどまった。しかしながら、なかには坂ノ途中にとってかかせない取引農家になってくれる方も現れ、一定の成果を上げることができたと考えている。

このプロジェクトは、他地域の農業の現状を勉強するきっかけにもなったし、関西圏の中山間地域の現状を今までよりも複眼的にとらえる機会ともなった。ここで得た気付きを二点あげてみる。

一つは農業の持つ多様性、地域性。それまでもたくさんの圃場にお邪魔してきたつもりだったが、地域としては関西圏にほぼ限定されていた。地域によって土質も規模感も、農文化も有機農業の存在感も大きく異なる。ハウツー本に黄金の方程式を求めるのではなく、目の前の土と向き合い、地域社会との関係性のあり方を問い続けられる、「考える農家」こそ必要な存在なのだとあらためて思った[26]。

もう一つは、中山間地域の高齢化、過疎化は、相当に強烈なレベルに達しているということだ。僕の場合、普段は農業者と言っても新規就農者とのやり取りが多いので、いわゆる農家の高齢化問題に直接触れる機会はそれほど多くない。中山間地をまわり空き家や耕作放棄地を探す中で、あらためて高齢化、過疎化を体感した。今後農地は加速度的に空いていくだろうし、今は空き家や農地を貸すことを渋っている地権者たちも、遠からず方針転換を迫られていくだろう。高齢化、人口減少社会のソフトランディングという意味でも、多くの地域において新規就農者増はきわめて（あるいはもっとも）有効な選択肢となるだろうと感じた。

3　新しいのか、新しくないのか

三つの視点から

「なんて斬新なことをしているんだ」と驚かれることもあれば、「ああ、○○社みたいなこと？」とつまらなさそうにされることもある。「救世主」と呼ばれることもあれば「いまさら」と言われることもある。坂ノ途中の何が新しいのか、新しくないのか、考えてみたい。

野菜を売ることを仕事としている会社や個人は世の中にとてもたくさん存在する。きっと歴史も相当に古いだろう。有機農産物や特別栽培農産物を販売する企業だってたくさん存在する。坂ノ途中も収益の出所に注目すればそのなかの一つだ。けれど別の角度から見れば、まったく違った姿も見えてくる。「どうやって売っているのか」「誰の農産物を売っているのか」「なぜそれが可能なのか」、このような三つの視点から坂ノ途中をとらえることで、有機農産物などの流通を俯瞰する機会にもしたい。

どうやって売っているのか

坂ノ途中では、「持続可能化のために、環境への負担の小さい農業を広げよう」というメッセージを前面に出して売っている。これは、実は日本ではとても珍しいスタンスだ。有機農産物や特別栽培農産物など、「ちょっといい」農産物を販売する場合の常とう句は、圧倒的に「安心・安全」だ。続いて「健康・美容」だろう。「安心・安全」にせよ「健康・美容」にせよ、消費者側の利益に訴求する売り方が一般的だといえる。しかしながら、欧米の有機農産物流通企業に目を向けてみると、「いかに自社が環境負荷を抑える取り組みを行っているか」をウリにすることが多い。つまり、日本の流通企業は消費者目線での発信が多く、欧米の流通企業は環境目線での発信が多い。

もちろん、適切に栽培された多くの農産物は「安心・安全」だといえるだろうし[27]、「健康・美容」への貢献もするだろう。また、外部資材への依存度を下げた栽培はおおむね環境への負荷が小さい（傾向がある）といえるだろう。つまり、どちらが正しいか、ではなく、何を大切にし、何を伝えているかが異なっているのだ。

これまで有機農産物などの流通を担ってきた企業が、有機農業が持っている多面的な価値を上手く発信できず、目の前に顕在化していた「安心・安全なものがほしい」「なんだか不安だ」という一部の消費者層のニーズに応えることに特化してしまったことが、日本で有機農業が広がりにくい素地を作ってしまっているのではないかと僕は考えている。

なぜ、日本では「安心・安全」という売り方が主流なのだろう。その背景を知るために、日本で有機農業が盛り上がった時代を振り返ってみよう。一九七〇年代、深刻化する公害問題を背景に、「誰か私に安心・安全な食べ物を作ってよ」という消費者運動が巻き起こった。それに呼応する人たちの一部が有機農業を始め、一部が有機農産物の販売を始めた。これが有機農業運動とよばれる現象だ。消費側は安心安全を求める主婦層が担い、供給側には学生運動に熱中していた「元学生」が多かった。[28] その当時、日本の有機農業は（とくに販売形態という意味で）世界最先端を歩んでいたといえるだろう。生み出された「提携」や「産直」といった概念は「ＴＥＩＫＥＩ」「ＳＡＮＣＨＯＫＵ」として英語にもなった。なお「提携」は、アメリカでＣＳＡ（Community Supported Agriculture）というおしゃれな名前に進化し、近年日本に逆輸入されている。

しかしながら、現在日本の有機農業は、普及率や認知度でも（議論が分かれるだろうがおそらく栽培技術の平均レベルでも）、欧米に比べかなり遅れをとっている。たとえば全農地に占める有機認証された農地の割合はオーストリアやチェコなど、とくに農地面積が小さく有機農業が盛んな地域で一〇～一五パーセント、ドイツやイギリスなどで五パーセント前後なのに対し、日本は〇・二パーセント程度である[29]（OECD Environmental Database 2013）。

アメリカの場合、農地のスケールが大きく異なることなどから有機農地の割合は〇・五パーセント程度に留まるが、消費者の「有機好き」が特徴的で世界最大の有機食品消費国となっている[30]。

このような差が生まれた大きな要因として、先述の通り、日本では消費者目線での「安心・安全」で売ってきたのに対し、欧米の流通企業は環境目線での発信が多いことに注目すべきだろう[31]。すぐに売り上げを伸ばすためには、きっと「安心・安全」の方が消費者のアクションを喚起しやすい。けれど、そこから自発的な広がりが生まれるだろうか。消費者が「安心・安全な食品」という個人的な目的を達成しようとするとき、周囲に有機農産物を勧める動機は薄い（生産量が一定であるような極端に単純化した「需給モデル」を想定するならば、周囲に勧めることで自分の取り分が減る可能性だってある）。日本の有機農業が一時は世界的に注目されながらも、数十年たってもそれほど大きな広がりを獲得できず、さらには「一部の神経質な人のためのもの」といった閉鎖的なイメージさえ持たれている大きな理由が、ここにあると思う。

一方で、環境への負荷を下げていくという文脈だとどうだろう。「環境への負担を減らす」という目的であれば、「自分だけが（あるいは家族だけが）」有機野菜を食べていても目的が達成されないのは明らかだ。つまり消費者が周囲に対し「みんなでもっとオーガニックを支持しようよ！」と声を上げ、広げていく動機が存在する。

日本の有機農産物を販売する人たちが作り上げてきた仕組みは、今までなかった市場を作り上げたという意味でとても立派だけれども、一方で、自分や家族の「安心・安全」ばかりに関心があり、環境保全や将来世代への配慮といった「外への目線」をあまり持たない消費者を育ててきてしまったという事実があると思う。日本の有機農業がきちんと市民権を得ていくためには、もっと開かれていて、環境目線を広く共有できるような流通の仕組みが必要だろう。

坂ノ途中は、日本ではとても珍しい、しかし欧米ではとくに珍しくもない、環境目線を強く持った農産物販売業者なのだ。手段と目的という区別を用いて表現するならば、手段として農産物販売を行っているという点では一般的な有機農産物販売企業と同じだが、大抵の企業が消費者の「安心・安全」への欲求を満たすことを目的としているのに対し、環境負荷の低減や農業の持続可能化を目的としていることが大きく異なるといえる。

誰の農産物を売っているのか

前述のように、多くの「安心・安全」路線の企業とは目的が異なることから、連携を図る生産者も自ずと違ってくる。坂ノ途中が連携するのは、新しく農業を始めた新規就農者たちだ。

すごくおおざっぱに言ってしまうと、高い栽培技術を持った生産者が気候や土壌に適した栽培品目を選択すれば、農薬や化学肥料などへの依存度は（下げようと思えば）大幅に下げることが可能だ。今後続々と農業者がリタイアしていくことが想定される日本において農業から発生する環境への負荷を下げていくためには、高い栽培技術を持った農業者を増やすことと、彼らが実力を発揮し続けられるように品質に見合った価格での継続取引ができる安定的な販売先が存在することが必須となる。坂ノ途中では、少量不安定な生産でも取引ができる体制を構築することで、まとまった農地の確保が難しい新規就農者のよきパートナーになろうとしている。

一方で、有機農産物や特別栽培の農産物を扱う既存企業の多くは、ある程度規模の大きい農業者をパートナーに選ぶ。坂ノ途中の提携生産者の多くが非農家から就農した方であるのに対し、大手流通企業の提携生産者は親も農家であることが多く、そのためまとまった農地を確保できたり、あるいは地域で生産者グループを組織しやすいといったメリットがある。消費者にできるだけ低コストで、できるだけ安定的に農産物を届けることを考えると、規模の大きい生産者との連携を図っていくのは妥当な選択だろう。

つまり坂ノ途中では、環境負荷の低減という目的から発想し、新規就農者のパートナーとして特化してきたが、その結果、供給サイドでは大手流通企業と住み分ける形になった。そのため特別なケース[32]を除き、大手流通企業と取引生産者が重なることはほとんどない。

ここで、農業における「持てる者／持たざる者の格差」にも触れておきたい。農家出身の場合と非農家出身の場合で、スタート時にアクセスできる経営資源は大きく異なる。農家の子女が親の跡を継ぐ場合、まとまった農地や大型の機械、さらにはビニルハウス、出荷場……そういったものが整っているケースが多い[33]。一方で、親が非農家の若者が就農を志すと、農地や空き家を探して役所訪問や地域の農家訪問を繰り返し、大きくはない農地をどうにかこうにか借り受け（水はけなどの条件もよくない場合が多い）、機械に頼らない栽培を始める（近所の生産者に「そんなにチマチマ作っててもしゃーないやろ」なんて言われることも少なくない)。ようやく「土が肥えてきたな」と就農者が実感するタイミングで、地権者から「息子が帰ってくることになったから、やっぱり畑返して」なんて言われてしまう「貸しはがし」のようなことも頻発している[34]。あるいは貯金を使い果たし借入もして機械を購入したりビニルハウスを建てたりしても、結局販路の目途が立たず離農してしまうというケースも少なくない。農業は、農家の子供に生まれたか否かでスタート地点が大きく異なるのだ[35]。

もちろん、他業種で事業を始めるにあたっても有利不利は必ずある。自分に有利なポイントを探すのも、起業のリスクを下げるコツの一つだろう。しかし、農業の環境負荷を低減していくことはこれからの社会を持続可能なものにしていくために必要なことであり、その流れを作りだしていくためには、新しく農業に挑もうとする者の増加が不可欠だ。そして、その必要な人数を農家の子女だけで揃えるのは困難だし、競争性の確保が切磋琢磨を生むと考えれば合理的でもない。

つまり現状は、社会的に必要な存在であるはずの新規就農者が、あまりにも不利な立場からの出発を強いられているといえよう。坂ノ途中では、農業の持続可能化という目的達成のために採るべきアクションを考えた結果、新規就農にフォーカスし、技術と情熱ある新規就農者をどんどんと増やすことを可能にするための事業を展開しているのだ[36]。

なぜそれが可能なのか

坂ノ途中が取引している生産者は、キャリアの短い新規就農者が多い。栽培技術が高い、熱意がある、といった長所もあるけれど、農地の制約などの要因により少量不安定な生産になりがちだ。そんな彼らと連携していくためにしている工夫は「坂ノ途中の事業形態」の項で述べた通りだ。僕たちもできるだけの努力はしているつもりだが、それは本当に微力でしかない。かろうじて成長を続けられているのは、とても多くの「追い風」が吹いているからに他ならない。その「追い風」を三つ、紹介したい。

①　第一の追い風

新規就農のハードルが下がってきていることだ。売れるかどうかは別問題として、ある程度の農地を確保し、ある程度きちんと農産物を栽培するということの難易度が下がってきている。

その要因は主に二つある。一つは、情報収集が容易になったこと。インターネットの力も絶大だし、先輩農家たちのなかに、自分たちの知見を共有しようという姿勢を持っている方が多いことも心強い。最近では体系的に栽培技術を身につけてもらおうという農業塾のようなものも徐々に増えている。

もう一つは農地確保の難易度が下がってきていることだ。制度上の改良もあるが、なによりも大きな理由は、高齢化などにともない加速度的に農地が空いていっているという事実だろう。一昔前には考えられなかったような条件のよい農地を新規就農者が借り受けるということも出てきている[37]。今後農地は、さらにスピードを上げて急速に空いていく。そこに次々と新規就農者が入り込むことが必要であり、そのための仕組みを作れないかと思っている。

この追い風に支えられ、坂ノ途中は販売量の伸びと足並みをそろえる形で、新たな提携生産者を増やしたり既存の提携生産者に規模拡大をお願いしたりすることで供給量を確保している。

② 第二の追い風

環境保全や農業に関わりたい人が増えていることだ。坂ノ途中では頻繁に求人に関する問い合わせを頂戴する。「アルバイト募集していませんか」が一番多いが、「共感しました、ボランティア募集はしていませんか」「なんでもいいから手伝わせてください、お給料はいりません」といった問い合わせもよく頂く。実際に無給でのお手伝いをお願いすることはほとんどないが、今の農業のあり方に疑問を持っていたり、持続可能な社会を目指す動きに加わりたいと思っていたりする人が多い証といえるだろう[38]。

坂ノ途中の経営は、収支的な側面では決して優等生とはいえない。そもそも農産物を商材としてとらえると、嵩張る、その割には単価が低く、鮮度劣化が早い、と魅力的ではない条件が揃っている。また、坂ノ途中の場合は取り扱う農産物と生産者の組み合わせが少量ずつ多岐にわたるため、大規模流通に比べ細かな物流網や調整が必要で、物流コストや事務コストが大きくなってしまう。さらに伝票管理などの管理業務も煩雑になってしまい間接コストも膨らみがちだ。スタッフへの人件費をかなり抑えて設定させてもらうことで、どうにか黒字化しているというのが今のところの実情だ。しかし、坂ノ途中のスタッフは給与や待遇に文句を言うことはあまりなく、情熱を持って働いてくれている[39]。アルバイトスタッフを含めた年間の離職率は一〇パーセント以下だ。一般的に立ち上がり期の企業は人の入れ替わりが激しいなかで、きわめて優秀な定着率だと思う。

社内のスタッフの他にも、多くの社外協力者に恵まれて坂ノ途中はどうにかこうにか前進している。尊敬できるデザイナーやエンジニアが、彼らの実力からすると決して高くはない報酬で仕事を引き受けてくれている（しかもけっこう無茶なお願いも多い）。「楽しいから」「興味があるから」「というかおいしいもの好きだから」と、お金以外の「理由」が聞けるのはなかなか嬉しい。

③　第三の追い風

買う側の変化だ。一昔前だったら、「環境への影響をふまえて何に支出するか決定しよう」という発想は、ごく一部の人だけが持っていたものだった。そして、「そういうのってお金持ちの遊びよね」と冷めた目で見る人が多かったように思う。

けれど、確実に時代は変わってきている。飲食店さんから「畑に合わせたお店を始めたい」といった問い合わせをもらうことも多い。ファッションや販促手段として有機野菜を選んだというよりも、「自然と人間の関わりを表現したい」といった、もう一歩踏み込んだ動機で坂ノ途中との取引を開始してくれるお店が増えているように思う。

インターネット通販における坂ノ途中のメインの顧客層は、小さなお子さんをお持ちの三〇代の夫婦だ。(40) お金に余裕のある方も多いが、高収入とはいえないと思われる家庭も少なくない。余剰資金でステータス的に買い物をするのではなく、多少高くともよいもの、共感できるものに支出したいという感性から、坂ノ途中の野菜を選んでくれている。僕たちの「未来からの前借り、やめよう！」というメッセージに共感し、ありがたい応援の声をくれる方も多い。きっと、そんな家庭で育った子供は、未来からの前借りをしない生き方を模索するだろう。これは大きな希望だと思うのだ。

第一次産業への関心

より包括的に社会の風潮に目をやると、農業をはじめ第一次産業全体への関心が高まっていることは間違いないように思う。就農を志す若者が増えていることはすでに述べた通りだが、新しく八百屋を始める若者も相次いでいる。動機はさまざまだ。僕のように環境目線の者もいれば、「子供に安心して食べさせられるものを届けたい」というコンセプトのお店や、地産地消を推進し地域の活性化につなげたいという思いで始めている人もいる。その他、僕の周りには、味はいいのに規格などの問題で流通していなかった魚に注目して鮮魚の販売を始めた人や、林業の活性化に取り組んでいる人も複数いる。

以前、京都の老舗の八百屋さんと対談させてもらった際に、「不景気になると八百屋が増える」という格言が昔からあるのだと教えて頂いたことがある。八百屋はそれほど元手もかからないし専門知識がなくても始めやすい商売だから、仕事を失った人たちが八百屋を始めるのだ、というのがその理由であるらしい。その八百屋の社長さんは、近頃見受けられる「八百屋ばやり」も景気の悪さゆえだと分析していた。

しかし、多くの若手八百屋さんたちと話していて、昨今の「ネオ八百屋」たちの出現理由は必ずしもそういった後ろ向きのものではないと思う。うまく動機を言語化できていない方も多いが、「やむを得ず」ではなく主体的にその仕事を選び抜いている人が多い。けっこうな高収入を得ていたであろう仕事をしていた人も多いし、デパ地下やスーパーなどで修業した経験を持つ人も少なくない。「いつか八百屋を始めるんだ」という強い意志を持って起業準備をしてきたのだ。慣れないビジネスに悩み苦戦しているところも多いが（坂ノ途中も毎日悪戦苦闘している）、一人ひとりの試行錯誤が、やがて周りを巻き込んで大きなうねりになっていくのかもしれない。

4　前に進む坂ノ途中

三年目の気づき

創業し、事業内容を固めていく中で思い描いていたことは、「小さくてもキレイな事業モデルを構築すること」だった。そうすることで、新規就農者の増加や環境負荷低減のために必要な取り組みとして広く認知され、各地域で類似の取り組みが生まれ、波及的に社会が変わっていく。そんなことを思い描いていた。

地道に野菜を販売し続け三期目に入った頃から、どうにかこのまま着実な成長を続けられそうだ、小さいながらも意味のあることができている、といった手ごたえを感じるようになった。しかしそうして知ったことは、「小さくてもよいことをすれば波及効果が（自然発生的に）生まれる」というのは牧歌的な妄想に過ぎず、このままではほとんど何も変わらないということだった。確かに、たくさんの方に取材に来て頂いたし、多くの行政や大企業の方にも関心を持って頂いた。いろんな方に褒めて頂いた。それはとてもありがたいことなのだけれど、だからといって、他地域で類似の取り組みが始まるということはほとんどなかった[41]。褒めてもらえる「よいこと」と、社会が本当に変わる「きっかけ」との間には、とてつもなく大きな距離があるのだ。多少いびつであっても、あるいは一部の人たちとは摩擦が生まれても、本当に「きっかけ」となれるよう、事業の全体像を描いていくべきなのではないか。そんなことを考えるようになった。

バンコクで知ったこと

世界経済フォーラムが、社会変革をもたらすかもしれない二〇代の起業家や政治家、アーティストなどを世界二〇〇都市以上で"Global Shapers"として選出している[42]。二〇一二年に大阪ハブができた際に僕もメンバーに選出してもらった[43]。同時期に、東アジアや東南アジアの都市で活動するGlobal Shapersを二〇名、バンコクで開かれる「世界経済フォーラム東アジア会議[44]」に招待するという連絡を受け、誇大広告気味に立候補したところ幸運にも出席する機会を得た。

実は、出席することができたこの二〇一二年の東アジア会議は、例年にもまして各国からの関心が集まった会議となった。ミャンマーのアウンサンスーチーさんが二四年ぶりに国外に出た、その主な目的が東アジア会議に出席することだったのだ。

僕は二〇〇三年にミャンマーを訪問したことがある。[45] 大学の調査演習で日本人旅行者を調査するといったお題目をつけて、ふらふらと二～三週間程度旅行していたのだ。その際の出会いや経験からミャンマーには、憧れというか親しみというか、とてもポジティブな感情を持っている。その当時スーチーさんは、「ミャンマーの現状を多くの人に知ってもらいたいけれど、外国人がミャンマーを訪れ支出したお金は軍事政権を潤わせてしまう。だから、知ってほしいけど来ないでほしい」という、なんとも哀しいジレンマに満ちた発言をしていたと記憶している。実際、寺院を参拝する際に要求される外国人料金は驚くほど高額で、スーチーさんを敬愛していた僕は極力外国人料金を払わないで済ます努力を重ねた。[46] その当時の雰囲気からすると、わずか九年足らずの間に急展開が起き、スーチーさんが多くの国から歓迎され万雷の拍手を受けミャンマーの今後について語るなどということは、まったく想像できなかった。

東アジア会議の開催前夜、多くの報道陣に囲まれながら世界経済フォーラムの会長、シュワブ博士にエスコートされて、スーチーさんは会場となっているホテルのロビーに現われた。とても小さくて華奢な女性だった。か弱い一人の女性が一国の運命を背負っていることの危うさも感じたし、その華奢な人を国際色豊かな記者が取り囲む構図は、世界中がアジアの小国に注目していることをそのまま表現していると思った。自分にはまったく似つかわしくない高級ホテルのロビーで、ミャンマーを心から祝福する気持ちになった、そして「世界は本当に変えられるんだ」という驚きというか興奮のようなものが湧きあがってきて、その夜はなかなか寝つけなかった。

環境保全、小規模農業への理解

世界経済フォーラムが開催する地域会議や総会（通称、ダボス会議）は、大きく事業展開をしている経営者や国家レベルの政治家、あるいは国際的に認知されているジャーナリストなど基本的には「エライ人」が一堂に会する場だ。そこに二〇名だけ二〇代がいるのでとても目立つ。多くの方に、「君はなぜここにいるのか」「どんなビジネスをしているのか、それはなぜなのか」と問われた。しかしながら、非常に残念なことに僕は英語が得意ではない。学校の勉強では英語が圧倒的に苦手だったし、英語も身につけられるかもしれないという打算も多少あって外資系の企業に就職したのだが、英語でコミュニケーションができるよりも数式でのコミュニケーションができることが重宝がられる職種だったので、二年間一生懸命働いたのだけれど金融の専門用語を並べたてる怪しげな英語をかろうじて獲得した程度で退職してしまった。そのため、せっかく各国の「エライ人」や、新進気鋭のGlobal Shapersたちと話せる貴重な機会なのに、十分に言葉を尽くせず、「持続可能化のために有機農業を広げようとしている」というような非常に単純な説明しかできなかった。

しかし、そのような説明でもたいていの人は、「それは意味のあることをしているね」とか「だから君はここに呼ばれたんだね」と、とてもいい反応を返してくれた（もちろん社交辞令も含まれているだろうけれど）。実はこういった、少し説明しただけで活動の意義をわかってもらえるという機会は、日本ではあまり多くない。有機農業が環境保全と結び付けて語られる機会があまりに少ないためだ(47)。農薬や化学肥料の多投がどういうメカニズムで土壌劣化を招くかといった説明を尽くしてようやく、「そういう考え方もあるんだね」という反応が返ってくることが多い。普段、このような伝わりづらさにもどかしさを覚え自分の至らなさも痛感するわけだが、この東アジア会議ではそうではなかった。「エライ人」やこれから東南アジアを動かすことになるであろう若手たちは、当然のように農業が与える環境負荷は深刻な問題だと認識していたし、有機農業はその解決策の一つになりうると理解していた。「その方向であっているよ」と言ってもらえた気がして、とても勇気づけられた。

さらには、「いかに小規模農業を奨励していくか」というテーマが議題となっているセッションもあった。規模集約化、効率化に関心が集まりがちな日本の農政とは大きな感覚の違いがあると言わざるをえない。里山のような小規模な農地で農業を続け、地域の資源循環を維持していくことも大切だという発想が東南アジアではある程度支持されているのだと知る機会となった。東南アジアや日本の地形的な制約や特徴をふまえると、大規模化、効率化による競争力確保と、小さな農地でも農業経営が成り立つようにする仕組みは、農業政策の両輪であるべきなのだ。「そんな小さいところばかり相手にして何の意味があるんですか」といったコメントを頂戴する機会も多い身としては、このテーマが重要な議題として扱われていることにも、背中を押してもらったような気持ちになった。

上述した「三年目のもやもや」の中にあった僕にとって、バンコクでの経験は一歩踏みだすきっかけの一つになった。この先、鬼が出るか蛇が出るかわからないが、やたらに褒められて曖昧に笑っているよりも、「何がしたいのかわからない」「調子乗ってるんじゃないの?」そんな揶揄を受けながらも、本当に持続可能な社会モデルを例示できるような会社になろう。そう考えるようになり、二〇一二年から坂ノ途中は事業展開の幅を広げてきている。次項からはそんな取り組みの一部を紹介したい。

坂ノ途中イーストアフリカ

二〇一二年八月、僕は生まれてはじめて、アフリカ大陸にいた。訪れたのは赤道直下の内陸国、ウガンダ。この国で、ゴマの契約栽培ができないか模索するために二〇時間以上かけてやってきたのだった。

① 人類学とビジネス

いわゆる途上国でこそ農薬や化学肥料の使用量が年々増大していて、土壌の劣化や生産者の支出増が問題となっている。気候変動の影響だって、設備が整っていない分より大きく受けてしまう。いろんな国や地域を旅行して今の価値観を培ってくることができた恩返しの意味を込め、また、途上国で自然資本を減損させる収奪的な農業や工業が展開されることが、日本の物質的に恵まれた生活を支えているという側面では罪滅ぼしの意味も込め、途上国で環境保全と生産者の所得確保を両立させる取り組みを展開したいと思うようになっていた。

一年間の期間限定で行っていた被災農家さんの関西への移住を支援する「ハローファームプロジェクト」を担当していた宮下は、大学で所属していた文化人類学の研究室の後輩にあたる。恩師は菅原和孝という類まれなる人類学者で、僕は（宮下も）とても大きな影響を受けている。大学や大企業がエライ、正しいといった権威主義的な姿勢や、対象を俯瞰的に眺めるだけで理解できた気になってしまう上滑りした思考を戒め、現場の目線を共有し当事者の身体感覚への近接を執拗なまでに図っていく。そのことに価値を見出して、そこから事業を組み立てていくという姿勢を持とうとし、これを勝手に「人類学的事業展開」と呼んで社内でも意識の共有を図っている。人類学とビジネスはとても遠く隔たっているように見えるけれど、実はキモの部分はかなり共通している。[48] 人類学の素養のある人がもっとビジネス領域に参加してくることを期待している。[49]

図６　ウガンダの集落風景

ともかく宮下は、震災を機に大きく方向転換したけれども、もともとはアフリカでフィールドワークをしたいと思っていた、僕よりもどっぷりと文化人類学に浸った学生だった。[50]

震災の衝撃をきっかけに、坂ノ途中の一員となり日本で活動することを選んだけれど、アフリカへの憧れも依然として強く持ち続けていた。

② ゴマ栽培のアイデア

宮下のアフリカ欲求を満たすためにも、アフリカで気候に合った農産物を土に負担をかけずに栽培する事業をできないものか。そこで、日頃から懇意にさせてもらっているゴマ油メーカーに相談に行くことを思いついた。ゴマはアフリカ原産とされ比較的乾燥に強く、栽培自体は容易といえる。一方で、収穫後の乾燥、選別などは労働集約的で、人件費の安い国や地域に有利な農産物だ。乾燥化が進む地域で農薬や化学肥料に依存せずにゴマを栽培すれば、環境保全と生産者の所得確保は両立できるのではないか、そう考えたのだ。

現地のパートナーを探すべく、アフリカで活動している環境系や農業系のＮＧＯをインターネットや人づてで探し、手当たり次第にメールを送った。そのなかで一番ビビッドな反応をくれたのが、ウガンダで活動しているマイクロファイナンス団体だった。曰く、その団体がフィールドにしている地域でも、気候変動により乾燥化が深刻化している集落があり、農産物による収入が相当に減っている。それによって融資の返済が滞ってしまうケー

図7　小さなゴマに大きな可能性を見出した

スも発生している。乾燥に強いゴマの導入は、大きな意義を持つかもしれないとのこと。

我が意を得た思いがした僕は、ゴマ油メーカーの社長から「そんなんできるんやったら、ウチが買うたるで」という承諾も確保し、JETRO（独立行政法人日本貿易振興機構）が実施する開発輸入企画実証事業という委託事業にも採択してもらい、どうにかこうにか第一回のウガンダ出張にこぎつけたのだった。

このウガンダ出張では、マイクロファイナンスNGOが生産者をグループ化している地域を周り、乾燥に強く乾季の貴重な収入源になる（品質管理の点からは、むしろ収穫期には雨が降らないことが望ましい）、栽培にはそれほど手間はかからないといったゴマ栽培

図8　ウガンダでのゴマ栽培

図9　生産者グループのひとつ

のメリットと、買取金額はトマトやキャベツといった換金作物に比べると安い、はじめての挑戦なのでどれくらいの収穫量になるかは読めないといったデメリットを伝え、宮下が栽培の指導のために定期的に訪問すると提案した[51]。多くの生産者は「ほんとに乾季に収穫できるの」と、にわかには信じがたい様子だったが、ともかく四地域でそれぞれ一〇名前後が試験栽培に参加してくれることになった。

たくさんの紆余曲折を経たが[52]、半年後どうにかこうにか収穫を迎えた。日本では当たり前の「間引き」の意味をいくら説明しても、「せっかく生えてきたものを抜くのはもったいない」となかなか実行してもらえなかったり、想像以上に土が痩せていたこともあり、当初の想定から比べるととても少量しか収穫できなかった。それでも乾季に収穫でき、外国人が当初の約束通り買い取ったということは生産者たちにとって大きな喜びであったらしい。もっとも大きな規模で試験栽培を実施した地域では、次々と来年は自分もやりたいという声があがり、翌年は七〇名弱が参加し、それぞれの栽培面積も大幅に拡大した。その年は、誰もが口をそろえて「こんなに雨が降らなかったのははじめて」というほど雨量が少なく、トウモロコシやダイズといった現地で粗放的に栽培されている農産物さえ枯れてしまった。その中でゴマは何とか（目標値は大きく下回ったものの）収穫までたどり着き、その地域の多くの農業者にとってシーズン唯一の現金収入となった。輸送コストなどとの兼ね合いから事業として成立させるためにはまだまだ規模拡大が必要だが、当初は周りに話しても冗談のように受け取られていたウガンダでのゴマ栽培はなんとか前進している。

③　ウガンダから日本へ

ウガンダでは、いわゆる先進国のNGOなどが活動しており、なかには継続性を持たない組織も少なくない。そのため、現地の生産者も「外国人が来て素敵なストーリーを語り、そのまま戻ってこない」といった事態に馴れていて、宮下が二回目に訪れた際は、「ほんとに戻ってきたのか！」と多くの生産者に驚かれた。そういったNGOなど援助団体が栽培指導して、収穫までたどり着いたものの販路がなく日の目を見ない農産物も多い[53]。あるいは、情熱を持って現地の環境保全や生産者の栽培技術向上に取り組んでいても、販路を構築する部分にはノウハウを持たない団体も多い。たとえば、あるオーストラリア人は養蜂の普及に取り組んでいる。この取り組みは、獣害の緩和や地域の生態系の維持、あるいは農産物の収量増といった多くの側面でとても意義深いものであるが、なかなかウガンダ国外への販売にまでたどり着けておらず、ウガンダ国内で地道な販売を続けているが、そ

図10　シアバターの種（上）とシアバターノキ（下）

の販売量は限られているというのが現状だ。

せっかくゴマの栽培のために長期滞在しているのだから、こういった農産物をピックアップし必要に応じて日本向けに改良し、販売していくことで、現地の気候に合わせた農業、環境に過度の負担を強いない農業が広がっていく後押しができないかと考えるようになった。

第一弾として、シアバターの日本向け輸出を始めた。シアバターはシアバターノキという樹木の種子からとれる油脂で、保湿効果などが期待され、化粧品原料や食用油脂として世界中で消費されている。とくにウガンダなど東アフリカで自生しているNilotica種のシアバターは融点が低く、肌馴染みがいい。また、シアの樹はかつて「神の抵抗軍（ＬＲＡ）」による略奪にさらされた地域で生活に根差した植物であり、その地域の生産者グループのシアバターを購入することで、彼女たち（シアの樹の管理や実の選別は女性の仕事となることが多い）を勇気づけることができ、環境への負荷が小さな現金収入源となる（自生しているため外部資材の投入は基本的に不要）ことを化粧品メーカーに伝え、共感を得て購入してもらっている。また二〇一四年には自社の商品も発売した。「非常にクリーミーで贅沢なつけ心地」「普段は顔に保湿クリームなどを塗ることを嫌がる子供が自分から『ぬりぬりしてー』と言ってきて驚いた」といった好評を頂いている。バニラビーンズ(54)も今までの農産物販売でつながりのある飲食店や小売店向けに販売を始めたし、次はハチミツを試験的に輸入する計画を立てている。

こうした活動を通じ、農産物の流通を本業とする会社が、いわゆる途上国の生産の現場や、気候変動が今まさに起きている地域に入り込んでいくことの必要性を実感している。どうしても環境的に持続可能な農業を追求すると、経済的には持続不可能（儲からなくて続けられない）という事態に陥りがちで、とくにＮＰＯやＮＧＯなど、利益を追求するのが得意でない組織が主導する場合、その傾向は顕著になってしまう。販路を構築すること

図11　ウガンダでも野菜栽培をスタートした

ができる会社も一緒に入り込んでいくことで、環境的な持続可能性と経済的な持続可能性の両立を進めることができるのだと考えている。

ウガンダの生産者たちに、「あの会社も、来なくなっちゃったね」と言われないように、現地に根を張り、地道に事業展開していくつもりだ。二〇一三年の秋には、そのための布石として現地法人「坂ノ途中イーストアフリカ」を設立し、日本のオフィスよりもゆったりとした快適な職場環境も確保した。まだまだ試験的な販売の域をでないが、都市近郊で提携生産者に農産物を栽培してもらい都市部で販売するという、当社が京都で行っている事業と同様のビジネスモデルでの事業もスタートさせた。

「やまのあいだファーム」の試み

日本での新しい展開として、二〇一三年には京都府南丹市と亀岡市の農地を一ヘクタール強確保し、「やまのあいだファーム」と名付けた自社農場をスタートさせた。農薬や化学肥料を用いないだけでなく、耕すこともしない、一般的に、自然農や自然栽培といわれるジャンルの農業を行う農場だ。また、ほぼすべての野菜の種を自家採種するというのも大きな特徴の一つだ。

二十年近く前に就農して自営で農業を続けてきた男性を農場長に迎え、元プロボクサーという異色の経歴を持つ三〇代男性と、ふんわりとした雰囲気がありながら芯の強さをあわせ持つ二〇代女性の三名を中心メンバーとして運営している。率直にいって、まともに人件費を払って有機農場を経営するのはかなり難易度が高い。農産物の販売だけを収益源とするのなら、本当に優秀な人が全力で挑戦してどうにかこうにか成り立つという程度だろう。そのなかでも大雑把にいうと、外部資材（農薬や化学肥料、ビニルマルチなど外から持ち込むものすべて）の投入量が少なければ少ないほど、期待売上高も小さくなり、収益化が難しい傾向にある。「やまのあいだファーム」は、栽培品目や土のコンディションに応じてほんの少し油かすを施すことはあるけれど、その他に投入するものは基本的には

図12　やまのあいだファームのメンバー（上）、
やまのあいだファームを訪れる若者も多い（下）

ない。機械も刈払機しか用いない。つまり、環境への負荷を小さくするという目線では理想形に近い栽培手法なのだが[55]、その分収穫量は少なくなってしまい、経営的な目線では全然有望とは言えない営農スタイルなのだ。

そんな農場を始めたきっかけは、この農場長の存在だった。実は農場長は、坂ノ途中が設立間もない頃からずっと野菜を卸してくれていた提携生産者の一人だった。坂ノ途中が提携する生産者は優秀な方ぞろいなのだが、そのなかでも彼の野菜は食味という点では群を抜いていたし（収穫量や見た目の「揃い」という側面では決して優等生ではないけれど）、畑を訪問したときの「気持ちよさ」もトップレベルだと感じていた。うまく言語化できないが、生き物がたくさんいるところにいくと、人はなんとなく「気持ちよさ」を感じるのではないかと思う。少なくとも当社のスタッフの間ではこの説はかなり有力だ。あわせて、日々の観察と実践から育まれた植物の生理に関する鋭い目線にはいつもはっとさせられるし、会話の端々からにじみ出る生きとし生けるものへの愛情には[56]、スタッフ皆が尊敬の念を抱いてしまう。

そんな、僕たちにとって特別な生産者だった人がある時ポロリと、「実はな、もうやめようと思うねん」と口にした。彼ほど栽培技術がある人でも、彼の営農スタイルでは一人で生産できる量にはかなり低いところに天井がある。いくらお金のかからない生活をしていても、このままでは二人の子供を育てていくことはできないと考えての発言だった。

この言葉は大きなショックだった。「環境負荷の小さい農業の実践者を増やそう」、そんなメッセージを掲げて事業展開しているのに、とても身近なところで、とても環境負荷の小さい農業をとびきりの腕前で実践している人が、農業を辞めようとしている。これを止めることができなければ、僕たちのしていることは何の価値もないのではないか。そう考えて、数日後に「辞めるなら、代わりに僕たちの農場長になってもらえませんか」と提案した。

「やまのあいだファーム」の狙い

もちろん、赤字覚悟のボランティア精神でやるわけではない。やるからには事業としての継続性を確保するつもりだ。農場長が自営時代に購入していた農地の他に、新たに条件のいい農地を借りたり、研修生を受け入れていくための寮を確保したりと、事業として成立させるための準備を少しずつ進めている。一日限りの体験から一カ月程度の研修まで合わせると、農場立ち上げから一年間に四〇人程度の方を受け入れている。ある程度の面積と就農希望者などの人手を確保することで生産量増をはかりつつ、当社の取り組みに興味を持ってくださる方たちを農業体験などに巻き込んでいくことで農産物の売り上げ以外にも補助的な収益源を確保するというのが基本的な方向性だ。

実は、日本国内・国外を問わず自然農や自然農法、自然栽培といった、施肥を抑え耕起しない、自然に近い形の栽培手法に対して憧れを持つ人は多い。自然農法の創始者の一人といわれる[57]福岡正信の取り組みはヨーロッパでも、アジア・アフリカ諸国でも広く注目されていて、著作は多言語に翻訳されている。[58]多くの国の農業関係者が外部資材に頼らない農業のあり方として自然農法などを検討し、「不耕起栽培って、いいんだけど儲からないんだよね」という印象を持っている。「こういう形での農場経営なら、ローインプット型の不耕起栽培でも事業として成立するよ」という例を示すことができれば、日本のみならず世界的に模倣され、環境負荷低減につながる可能性があると思っている。「やまのあいだファーム」は、身近な生産者を離農させないための苦肉の策ではなく、大きな野心に満ちた挑戦なのだ。

また、「やまのあいだファーム」は当社の事業を安定的に成長させていくうえでも欠かせない役割を果たしていくと考えている。それは、就農者のインキュベーション（孵化）機能だ。今のところ当社は、「生産技術は身につけたけれど安定的な販路は確保できていない」という状態の新規就農者と提携し、栽培の計画からともに立て、きめ細やかなコミュニケーションをとっていくことで彼らの農産物を販売していくという事業展開をしている。新規就農者が直面する数多くのハードルのなかでも、販路構築がもっとも難易度が高く、かつ、環境負荷の小さいスタイルで農産物を栽培するのに求められる資質と、営業活動に適性がある資質は大きく異なると考えているからだ(59)。まだまだ規模としては本当に小さな取り組みだが、僕たちをあてにして研修先から独立する生産者が現われるなど、少しずつ変化が表われてきている。売り上げも、緩やかにではあるが増加を続けている。

こうして事業を展開していくなかで、それほど遠くない将来、生産者の確保が難しくなるかもしれないと感じている。当社が提携する生産者は、新規就農者のなかでもとくに意欲的で栽培技術も高い人たちばかりだ。売り上げが伸びて野菜が足りなくなったからといって、今お付き合いしている生産者と同等の技術を持った生産者は他に多くいないのが現状だろう。将来の売り上げ増に備え、情熱ある就農者予備軍や、やや経験不足な若手生産者を、技術とビジネスセンスを持った提携生産者に孵化させるための機能を自分たちで持っていたい。「やまのあいだファーム」を設けたのは、実はそういった役割も期待してのことなのだ。

「やまのあいだファーム」では研修生を受け入れ、農場でのＯＪＴ(60)だけでなく出荷作業や店舗での販売も経験してもらうプログラムも希望に応じて提供している。流通、販売側の視点を獲得することで、「顧客が何を求めているかを考えずに栽培する」「虫食いの許容など消費者からの歩み寄りを求めるだけできれいさや扱いやすさを気にしない」といった、栽培技術はあっても顧客から支持されにくい一人よがりな生産者になってしまうのを防ぐことができる。それに、坂ノ途中の出荷場に集まってくる多くの優秀な提携生産者が栽培した農産物に触れることで、目指すべき栽培レベルが明確になるといった効果も期待できる。あわせて、先輩就農者や販売担当者、発注担当者からも学びを得ることで、身体感覚での理解だけでなく、栽培に関する科学的な理論的背景を獲得し、ビジネス的な側面も理解した頼もしいパートナーになってもらえると考えている。

「就農準備トライアスロン」と、その先

さらに二〇一四年からは、就農するかどうか迷っている方を対象に、「就農準備トライアスロン」というプログラムを始めた。一言で「就農する」といっても、それは「サラリーマンになる」というようなもので、あまりに漠としている。しかしながら、就農後の具体的なイメージや生活の全体像を思い描くきっかけは得にくいのが現状だ。その結果、憧れは持ちながらも一歩踏み出しきれなかったり、自分の好きなスタイルとは全然違う農業生産法人に研修生として入ってしまうなどのミスマッチが起きている。

坂ノ途中の周りにはいろんなバックグラウンドを持ち、多様なスタイルの農業に挑戦している新規就農者がたくさんいるので、まずは一週間京都に来て頂き、生産だけでなく販売や配達まで含めて詰め込みでさまざまな就農体験をしてもらうことで、自分の就農イメージを固めていってもらう機会にしたいと考えている。

これまで通り販売機能を強化していくことに加え、ここまで紹介してきたようなインキュベーション機能をあわせて持つことで、「環境負荷の小さい農業を実践する農業者を増やす」というミッション達成に向けて、坂ノ途中はまだまだ加速していけると考えている。また、技術を身に付けていった新規就農者の一部には、海外で自分の実力を試したい、という人も出てくるだろう。日本で就農する人が増えるだけでなく、日本で習得した技術を活かして、海外で環境負荷の小さい農業を広げていく人たちがたくさん登場するような流れを生み出したいと考えている。

5　めざす未来の手触り

「大きな話」に立ち向かう「細やかさ」

ここまで、坂ノ途中の事業展開を紹介してきた。環境への負荷を下げるという目的を揺るがせることなく、頂いた縁を大切に一歩ずつ前進してきたつもりだ。実際にできていることは本当に小さな規模でしかないけれど、ちょっとだけ、世の中にインパクトを生み出せているのではないかという気がしている。

とくにウガンダでの活動を始めたことが、日本国内での取り組みを相対化するいい機会となったと思う。環境負荷の低減という「大きな話」に立ち向かうスタンスとして、現場に入り生産者との密なコミュニケーションを重ねていくという「細やかさ」を選択していることはやはり大切なことなのだと、自分たちの取り組みの意義を再確認することもできた。一方で農業や環境といったテーマが持つ問題のとてつもない大きさに対する自分たちの無力さに、途方に暮れるような思いも持ち続けている。さらには、「小さいけれどいいことをしている」というこぢんまりと作りこまれたビジネスに満足することなく、より大きな社会的インパクトを獲得するためにもっとあがかねばならないとも思った。また、僕たちがたどり着きたい農業の展望を少しでもイメージし、ぎこちなくとも言語化し、世に問うていくことが必要なのだという思いも強くした。ここでは最終節として、日本での活動を通じぼんやりと思っていて、ウガンダでの活動により再確認できたこと[61]を二つ紹介し、今後のめざす未来像についてもまだまだ手探りではあるものの現時点での思うところを書き留めておきたい。

普遍的な答えは、ない

一つめは、農業において、「この方法がどの時代でもどの地域でも正しい」といった普遍的な答えは存在せず、それぞれの地域で、その地域の気候や土質、地域内の余剰有機物や地域の消費者の特性、大消費地へのアクセシビリティなどを総合的にふまえ、個別解を見つけていくしかないということだ。

たとえば、近所に養鶏農家がいるからという理由で鶏糞をメインの肥料として用いる農場があるとする。その農場で研修していた若者が、遠く離れた他県で農地を見つけ独立就農を果たしたときに、その地域の個別解を新たに見つけねばならないことに自覚的でなければ、鶏糞を求めて右往左往することになるだろう。師匠のところまで鶏糞を取りに行くこともあるかもしれない。さらには、「こだわり農家さんを大紹介」というような表層的な取材に対し、「うちはこだわりのあまり他県まで鶏糞を取りに行ってるんですよ、エヘン」なんて表層的な自慢話も繰り広げるかもしれない。(62) 師匠は、鶏糞を肥料源とするということを教えるのではなく、地域の余剰有機物を活用するという発想や、土作りのメカニズムについて伝えるべきだったのだ。

「○○農法」というものが勝利の方程式のように取り上げられることも多い。これは、五里霧中を歩む生産者がついつい普遍的な答えを求めてしまう願望の表れだろう。その農法がいかに論理的に構築されていても、(63) あるいは大きな実績をどこかの地域で上げていたとしても、それが普遍的な解となることはほとんどない。前提条件が地域や農場によって大きく異なるからだ。

もう少し一般化してみよう。地域の余剰有機物を堆肥化し農地に投入するというのは、有機農業の実践者の多くにとって「模範的」な姿勢と映るだろう。地域内の資源循環を生み出す素晴らしい取り組みだと思う。坂ノ途中の提携生産者でも、できるだけ地域の余剰資源を活用したいという志向の人が多い。余剰有機物としては先に挙げたような家畜糞が代表的だが、他にも油かす、廃菌床（キノコを菌床栽培する際に発生する）、漢方残渣、落ち葉などが坂ノ途中の提携生産者の間では人気だ。生ごみの堆肥化に挑戦する例も全国的に増えてきているように思う。しかし、この「模範的」な姿勢でさえ、世界中からさまざまな形で家畜糞の元となる飼料や生ごみの元となる食料を輸入していたり、キノコの栽培施設や植物性油の搾油所、漢方薬の製造所といった加工施設が地域に存在していたり、落葉樹が毎年葉を落とし続ける近隣の山を手入れしてきた歴史(64)があり、有機物に溢れているからこそ合理性を持つ行動なのだ。

ウガンダでの経験を紹介したい。坂ノ途中のフィールドの一つ、ウガンダ南西部に位置するマサカ県は、ヴィクトリア湖に面している。ヴィクトリア湖畔にはナイルパーチという淡水魚の加工施設がある。ナイルパーチはあっさりとした白身魚で、スズキに似ている(65)。加工所からどんな残渣が発生してどのように利用されているのか、自分たちが引き取って堆肥化できる可能性があるのか、ヒアリングに訪問して驚いた。残渣がほとんど発生していないのだ。ナイルパーチの身の部分は冷凍されてヨーロッパに輸出される。それだけでなく、頭と骨は塩漬けにされて隣国のコンゴ民主共和国へ、内臓は漢方薬の原料として中国へ輸出されるという。周囲を見渡し余っている有機物を活用しようという発想自体が、物質的に豊かな国のものなのだということに気づかされる機会となった。

このことから、考える農業者を増やしていくことの必要性をより強く感じるようになった。今後急速に農地が空いていく日本において、就農希望者が学び経験を積める機会と、就農後に経営が成り立っていくための環境を用意することは差し迫った課題といえよう。そして「考える農家」や「考える農産物流通企業」を海外へ輸出することができれば、(66)現地貢献性の高い日本人活躍の場となるだろう。

地域の問題は、地域に閉じない

二つめは、地域(67)の問題は、その地域だけでは解決しないということだ。地域内の資源を地域内で循環させ、生産、消費していく（その結果、域内経済も活性化する）というストーリーは理想形かもしれないが、それが実現でき、それによって持続可能な社会が到来するというイメージは、現代においては牧歌的すぎるといえよう。

ヒト、モノ、カネ、情報すべてがグローバルに行きかう現代において、地域の問題を閉じた地域内で解決できる可能性はどれほどあるだろう。仮に可能だとしても地域間で役割分担するよりも社会的コストは大きく膨らむだろう。あるいは、地域が抱える問題の要因がグローバルな事象である場合、その課題解決を地域に求めることの必然性はどれほどあるのだろうか。ひねくれた見方をするならば、地域間の調整者であるべき立場にある人の職務放棄がその裏に隠れてはいないだろうか。地域内での循環を構築しながらも、地域間での役割分担を果たしていくというバランスが、社会をデザインしていくうえで必要なことだと感じている。

地域の抱える問題が地域内では解決しようがないことの例として、再度ウガンダの話をしたい。坂ノ途中がフィールドとしているなかには、局所的に大幅に雨量が減少し雨季と乾季のサイクルもずれてきている地域がある。地域の住民は、普及しつつある農薬や化学肥料とどのように向き合えばよいのか判断しかねていたり、隣村の誰々は借金を重ねてバイクを買った結果、都会の市場に出荷できるようになり格段に儲けているらしいといった噂をうらやんだりしている。確実に訪れている変化（その総体は「近代化」と呼ばれたりする）を日々感じながらも、基本的には自分たちの両親とよく似た栽培暦で、よく似た農産物を栽培してきた。ところが、降雨量はどんどん減少し、両親と同じ生き方はできない状態になってきた。この問題解決を、地域内に求めることはナンセンスだろう。

むしろ、解決する可能性があるとすれば、その手段は変化する気候に合わせて栽培する自給用作物、および換金作物を選び取り、他地域と貿易していくことで食料と経済的な安定性を確保する「役割分担」だろう。ここで付け足さねばならないことは、安易な啓蒙主義に陥ってはならないということだ。こういった地域に入りこむ者が、他地域での最上の方法を援用することや新たな作物を導入することは決して特効薬などではない、むしろそのフィールドの伝統や尊厳を抹殺する可能性さえある非常に危うい取り組みだということに自覚的であらねばならない。

このような気候変動はもちろんウガンダに限らず、世界中で起きている。あるいは、人口増に起因する過放牧や、過灌漑による塩害、農薬や化学肥料の多投などによる土壌の劣化も（地域によっては加速度的に、またある地域では絶望的に）進行していく(68)。つまり、気候変動や土壌の変質と向かい合っていくことは、これからの農業の大きなテーマとなることは間違いない。

そして、この課題の複雑で難儀なところは、各地域が抱える問題とそれに適した解決策が各地域によって大きく異なるということだ。しかしながら、アプローチのおおまかな方向性としては、地域内での資源循環を志向しながらも、適地適作に基づく地域間での分業体制も構築していく、という二本柱だろう。

たとえば「地産地消」を問い直してみる

「普遍的な答え」として一つのキーワードを扱ってしまうことや、地域の問題を地域内だけで解決させようとすることが時として非合理的になってしまう例を考えるために、「地産地消」という言葉を取り上げたい。もちろん「地産地消」は重視されるべき（場面が多い）コンセプトだとは思うのだけれど、ここではあえて危うさを指摘してみたい。

「地産地消」はおおまかに言ってしまえば地域で作ったものを地域で消費しようというスローガンで、日本中の非常に多くの地方自治体や生産者グループが「大切なこと」として掲げている。(69)「地産地消」がどんなメリットをもたらしているかというと、各団体の主張を抽出するならば「安心・安全」「（経済的に）地域の生産者を支える」「エコ」のおよそ三点に集約されるだろう。「安心・安全」に関しては、「顔が見えるから」という感覚的なものが主たる根拠となっているので論点からは外す(70)として、経済的側面と環境的側面のメリットを検討してみよう。

経済的側面からみると、確かに競争の激しい大消費地で戦うことなく、地元の消費者が買い支えてくれれば生産者にとってはありがたいことだろう。人口一〇万人を超える程度の自治体では地産地消を推進することにより、域内経済を活性化させる効果はあるかもしれない。一方で、人口の少ない町村、とくに中山間地での地産地消推進は、経済合理的とはいえないかもしれない。そういった地域の場合、農産物に関しては「みんな作っている」という状態であり、供給過多状態にあることが予想される。弱々しい需要も、旬を外して栽培したものや貯蔵したもの、あるいは簡易加工したものなどに集中しがちである。しかもその需要は人口減にともないさらに縮小していく過程にある場合が多い。つまり別地域の消費地に向けてアプローチせねば生き残れないのに、地産地消を重視するという方針が足かせとなり、地域の適切な生存戦略が選択されないという悲劇が起きているといえよう。旗振り役の担当チームや首長は、純粋に地産地消の理想に共感している場合も多いが、打算的に消費地への営業活動をサボる免罪符としていることもあるだろう。過疎地域の地域振興などを図るうえでは、「地産地消」は地域内に購買力が残る地域がその購買力を他に奪われないために活用すべきマーケティング戦略であり、過疎地域では採用できない（少なくともそれ一本に特化はできない）戦略であると斜に構えてとらえておいたほうがよいのではないか。

それでは環境的側面における、地産地消の貢献性はいかほどだろうか。真っ先に挙がるのは、輸送にかかるCO_2排出量を縮減できるという言説だ。しかしながら、地産地消をベースとした販売戦略を立てる場合、前述のように生産者は旬を外した農産物を志向しやすい。たとえばハウスで加温栽培された地元のトマトと、温暖な地域で加温せずに栽培された大ロット輸送されてきたトマトだと圧倒的に後者の方がCO_2排出量は小さくなる。(71)あるいは、旬を外した栽培の場合、気候に合わせた栽培に比べ農薬や化学肥料に依存した農業を選択しやすいことも(72)地産地消は環境負荷が小さいという説に対する強力な反論となってしまうだろう。

地域で収穫を迎えた農産物を地域で消費していることを根拠とした「循環型」であるという論についても疑問を呈したくなってしまう。栽培時に用いられる農薬や肥料、石油、ビニルハウスなどはどこからもたらされているのか、今一度確認したほうがよい。原料調達、生産、流通、消費、廃棄／リサイクル、という農産物のライフサイクルにおいて、どの部分を地域内で行っているのか考えてみると、一般的な流通の場合「流通（の途中段階）、消費」が地域内で行われ、いわゆる地産地消の場合「生産、流通、消費」が地域内で行われているといえよう。ライフサイクル全体のうち、地域内での工程がすこし長くなった程度の変化であり、地域内での循環は生まれていないことが多い（地域を一つの塊と見た場合、農産物生産を外注しているか農産物生産に必要な原料および資材の生産を外注しているかの差でしかないといえる)。

地域内での資源循環や経済的な循環を目指すのならば（というより本気で目指した方がいいと僕は思っているわけだが)、容易にわかりやすい言葉に安住していてはいけない。実現するためには、地域の生産者や販売者、消費者、あるいは行政機関が、広い視野と確かな論理性を持って考えられることが必要だ。「よその町がやっているから」ではなく、どれだけ「地消」するのか、本当に地域で消費を促すことが問題解決につながるのか、あるいは他の消費地を得意先とすべきなのか峻別せねばならない。どこから「地産」するのが本来の目的にかなうのかも自問せねばならない。畜産が盛んな地域であれば化学肥料に依存するよりは家畜糞中心の施肥設計を目指してほしいとは思う。[73] その場合家畜の飼料も耕作放棄地の利用などにより自給を目指しそれを含めたブランド構築を行うのか、あるいは飼料に関しては他国他地域からの購入を選択するのか、飼料を自給する場合はその際の農地はどうやって土作りをするのか（投入資材は地産できるものを選ぶのか否か)、何がその地域で達成可能な循環なのか見極めねばならない。いずれにせよ、その循環は大きなほころびをあちこちで持つことになる。そのほころびを地域間で繕い合うような分業体制が必要だろう。

たとえば消費地で生ごみを回収、堆肥化する場合、どこかの農村に引き取りをお願いする必要がある。その際、近隣の農村が（畜産が盛んなどの理由で）十分に有機物を確保できているならば、遠くの農村に引き取りを依頼する方が合理的かもしれない。

あるいは、時代や地域によっては、その堆肥化自体が大した意味を持たないかもしれない。日本は世界中からさまざまな形で窒素を輸入しており、国全体でとらえると大幅な窒素過多に陥っている。そのためリサイクルが進めば有機物の余剰状態が顕在化する。その状況下では、食品廃棄量の縮減を目指すアクションの方が持続可能化への近道であり、そちらに注力すべきとなろう。自分たちの地域の特殊性や社会全体のなかでの位置づけをふまえた循環型の社会デザインが必要なのだ。

「考える農家」を増やす

ここまで、「普遍的な答えは、ない」「地域の問題は、地域に閉じない」という、農業の持続可能性を追求するうえでの前提を述べ、地域内での資源循環を志向することと、適地適作に基づく地域間での分業体制を構築すること、の二つがアプローチのおおまかな方向性としては採用できるのではないかという考えを述べた。

地域内での資源循環を作り上げていくために必要なことは明らかだ。安易な答えに走ることのない「考える農家」を増やしていくことだ。坂ノ途中ではそもそもの出発時点から掲げているミッションが「環境負荷の小さい農業を実践できる農業者を増やすこと」であり、そのために事業を展開しているわけだが、今後の社会変化をふまえると、もっともっと多くの就農者を田畑に送り込める仕組みが必要とされている。

日本の耕作放棄地率は二〇一〇年におよそ一〇・六パーセントに達した。そしてこれからますますハイペースで離農者が生まれ、放棄される土地は増えていくと考えられている。農林水産省が示した「農業構造の展望」によると、販売農家の減少は一年あたり三パーセント台後半程度で推移し、ある程度の規模集約は進むものの二〇〇九年時点で三二五万ヘクタールある販売農家の経営耕地面積は二〇二〇年には二五〇万ヘクタールにまで減少すると予測を立てている。

この速度に合わせて就農者（もちろん個人でも法人でもかまわない）を送り込む環境を整えたい。販売農家の経営耕作面積減少率（上述の数字から求めると二・四パーセント／年）に合わせて、環境負荷の小さい農業の実践者を送り込めたなら、日本の農業に占める環境負荷の小さい農業の割合は毎年二パーセント程度ずつ上昇させることができることになる。この変革の速度は「世界最速」だといえる。

有機農業の認証農地が国内耕作地面積に占める割合の二〇〇〇年以降の推移を比較してみよう。[74] たとえばノルウェーは年平均〇・三七パーセントずつ有機認証農地のシェアが拡大している（二〇〇〇年には二・〇パーセントだったが二〇一〇年には五・七パーセントになっている）。オーストリアの〇・九一パーセント（二〇〇〇年八・二パーセントから二〇〇九年一六・四パーセントに）やスウェーデンの〇・八三パーセント（二〇〇〇年五・九パーセントから二〇一〇年一四・二パーセントに）は現時点での世界最速レベルだろう。オーガニック先進国のイメージが強いドイツでも〇・二八パーセントだ（二〇〇〇年三・二パーセントから二〇一〇年六・〇パーセントに）。EUは有機農業への転換に補助金を出しているが[75]、それでも農法の転換は年一パーセント以下の速度でしか進んでいない。農薬や化学肥料の多投により崩れた生態系を取り戻し、痩せてしまった農地を豊かな土壌に回復させるには相当な時間と根気が必要であり[76]、慣行農業とは異なる発想や植物生理学などの体系的な理解も求められる。慣行農法を続け農業収入で家族を支えてきた農業者にとって、有機農法への転換は業態変更のようなものであり、大きなリスクに映るだろうし容易に決断できるものではないのだろう。

必要なのはプラットフォーム

しかし、日本ではこれから、どんどん空き農地が発生してくる。すでに、一〇年前や一五年前の空き農地に比べると格段に条件のいい農地が空いてきている。これからもどんどん、好条件の農地が空いていくだろう。耕作可能なのに放棄されている農地が（戦争やジェノサイドが起きていない状況下で）これだけ大きな規模で発生するのは、もしかして有史以来なのではないか。適切な技術と知識を身につけた若者がその農地を借り受け、土作りを大切に栽培した農産物がまっとうに評価され販売できるようになれば、世界に類を見ない速度で、農薬や化学肥料への依存度は低下し、環境負荷の小さい農業が広がっていくことになる。

農業の高齢化や担い手減少は確かに大きな問題だけれども、今ここで、新規就農者を送り込める仕組みを作ることができれば、日本の農業を大きく変革するまたとないチャンスともなりうるのだ。このチャンスの大きさに対し、坂ノ途中はあまりに小さい。若者の農業への関心を高める仕掛けももっと必要だし、体系的な知識を身につける場作りも求められている。利用可能な農地や空き家の情報を集めるためには地域の生産者グループが率先して動いてもらいたいし、行政からのサポートも求めたい。坂ノ途中や民間企業が販売者の目線からカスタマイズを要求したり栽培計画を一緒に立てることで新規就農者の経営が成り立つ体制を整えたい。もちろんその先にはこの挑戦の意義を理解してくれる消費者がいてほしい。このような、生産者、行政、民間企業、消費者が一体となって、空いていく農地にどんどん人を送り込む体制を一刻も早く構築したい。毎年一万人程度、新たに環境負荷の小さい農業を始める人材を輩出できれば、この挑戦は成功しているといえるだろう。

坂ノ途中ではその体制を、新規就農プラットフォームと呼んでいる。自社農場を設立したり、就農検討中の方を対象とした「就農準備トライアスロン」を始めたのも、このプラットフォーム構想に少しずつ近づいていくためだ。[77] 毎年一万人の就農者増は途方もなく大きな数字で、国家レベルで動かないと実現しないことだと思う。坂ノ途中は、そのための先行事例となるべく、毎年一〇〇人の就農者を生み出せる会社になることを中期目標としている。

地域間分業体制

次に、適地適作に基づく地域間での分業体制について考えてみたい。気候や土質に合った農産物を栽培することのメリットは多い。適していない地域での栽培よりも低コストで多収が期待できるし、農薬や化学肥料への依存度を低減しやすい。適地となる作物ばかりを選択していると作物のバリエーションが確保しづらくなるが、そのデメリットは地域間の連携を組み合わせることで軽減される。また、地域間で連携を図ることによって生まれる、「全体の生産量が安定する」「出荷時期を長期化できる」といったメリットも、坂ノ途中のような複数の生産者の農産物を販売する企業にとっては欠かせないものだ。また、坂ノ途中の場合は、「適地」のみならず、個々人の生産者の個性に合わせた栽培すなわち「適人適作」も意識している。提携生産者のなかには、「細かいのは嫌いやねん」といってキャベツやタマネギなど重量級の農産物ばかりに取り組む生産者もいれば、サラダ用の野菜やかわいらしいコカブなどを専門的に作る生産者もいる。彼らの個性を無視して農地の条件だけで栽培作物を選んでお願いしても失敗することが多い。

坂ノ途中の提携生産者は基本的には関西が中心なので、「適地」といってもそれほど距離的には分散していないが[78]、最近ではご縁を頂いて奄美群島の喜界島の生産者とも少しずつ取引を始めている。第一弾の取引は未熟なパパイヤ。タイ料理やラオス料理には欠かせないアイテムだが、島の生産者の皆さんはこれが商品になるとは思っていなかった様子。これも分業の発想で顧客に近い僕たちが顧客ニーズをつかみ、地域の未利用資源を活用で

図13　国境を越えた「適地適作」のため、地道な活動を続けている

きた例だろう。

適地適作というアイデアはもちろん国境をまたいでも有効だ。坂ノ途中が行っているウガンダの乾燥化が進む地域で乾燥に強いゴマを栽培してもらうというのも、手前味噌ながら適地適作のモデルのような事例だろう。坂ノ途中のような小さな会社にとってアフリカで事業をスタートするというのは、とても大きなチャレンジだ。控えめにいっても、相当に「背伸び」をしている。だけどきっと続けていけると思っている。ウガンダでの取り組みを開始したときに、取り組みの内容や意義を説明して冊子にまとめ、通販のお客さんに送ったことがある。その時のお客さんの反応がとても好意的だった。「坂ノ途中から野菜

を買っていてよかったとあらためて思った」「自分たちの購買がこんな風につながっていくのは本当にうれしい」、そんなメールや電話を、こちらが恐縮してしまうくらいいたくさん頂戴した。[79] 坂ノ途中が海外で現地貢献性の高い（と思われる）ことをしても、お客さんには直接的には何のメリットもない。それなのに、共感し支えようと思ってくれる方がとてもたくさんいる。ここに大きな希望を見出している。このような価値観をもった消費者がいてくれる限り、[80] 今後も、僕たちのような背伸びをしてでも意味のあることをしようという会社や取り組みは増えていくと思う。坂ノ途中も、周りの取り組みに刺激を受けながら、自分たちの活動を広げていくつもりだ。ゆくゆくは、前述の新規就農プラットフォーム体制などを利用しながら高い栽培技術を獲得した農業者が、どんどん海外でも挑戦していける状況を作り出したい。日本発信で世界中に環境負荷の小さい農業が広がっていけば、こんなに楽しいことはない。すでにその兆しは、東南アジアを中心に生まれつつある。たとえばベトナムで有機農場を経営する、日本人が代表を務める企業とは、代表をウガンダに招き栽培に関するアドバイスをもらう、僕がベトナムを訪問し販路開拓の手伝いをする、など連携体制を築いている。

坂ノ途中のウガンダでの取り組みには、「自分もやってみよう！」と思ってもらえるような、国境をまたいだ連携モデルの一例を示すという意図も込めている。

一歩を踏み出すということ

世界中の農耕地面積は約一四・四億ヘクタールだといわれている。一方で、人間が農業を始めてから今日までに不毛の地にしてきた面積は約二〇億ヘクタールにのぼるという。また現在も毎年六〇〇万ヘクタールほど（日本の全農地面積は四六〇万ヘクタールほどだ）が砂漠化、不毛化している（岩田 二〇〇四年）。イランで見たゾロアスター教の聖地のように、不毛の地は確実に広がっているのだ。

農地面積はこれ以上大幅には増えないと予想される一方で、人口はまだまだ増える（二〇四〇年には九〇億人に達する）。人口圧に押しつぶされるように農地を荒廃させ、いくつもの都市や文明が滅んだ。現代文明もかつてない大きなスケールで同じ道を歩んでいるように思えてならない。僕たちは必死で持続可能な社会を模索した方がよい[81]。望む、望まないにかかわらず、現代を生きるということはすなわち、そういう場面に立っているということだ。自分自身の現状認識を確かめておきたいという思いもあって、大きく脱線しながら慣れない本章を書いた。

僕たちの社会が現状ではまったくもって持続可能ではないという問題はとてつもなく大きくて、もうどうしようもないという気にもなってしまう。かといって何もしないのもなんだか納得できず気持ち悪いので、前述のような事業を進めてきた。
今日も坂ノ途中では大風呂敷を広げグローバルな環境問題を論じたり、持続可能な社会デザインを妄想しつつ、タマネギを五〇〇グラムずつ袋詰めしたり、「ピーマン一〇袋って注文もらってたけど八袋しかないわ」と言われ慌てて他の生産者に電話したり、野菜たっぷりのお昼ごはんを食べながら、そういう風に、地を這うように進んでいる。

【注】
（1）たとえば、生長速度を上げるために窒素を多投すると栽培植物の細胞壁は薄くなりがちで、それが虫害を深刻化させる。
（2）栽培のメカニズムを明らかにすることが本章の目的ではなく、また僕の専門でもないので、かなり乱暴な説明にとどめた。圃場の生物たちがいかに相互に複雑に関係しあい影響を与えあっているかを解説した例としては、『すごい畑のすごい土』（杉山 二〇一三年）などを参照されたい。一見合理的に思われる、「特定の生物を排除し特定の肥料を補給する」という行為が、長期的には非合理的となりうるメカニズムについて明快な説明がなされている。ただし筆者は生物学者なので、経済的持続可能性を確保するために要求される生産量を肥料などのインプットを抑えて確保できるのかといった商売っ気のある切り口はない。

(3) 近年まで、二〇三三～二〇三四年頃がリン産出のピークになる、リンの産出量がボトルネックとなって世界の食糧増産は期待できない、という論調が多かったが、二〇一〇年の国際肥料開発センターによる発表では経済的鉱量の推定値が大幅増加しており、六〇～一三〇年など「もうしばらく」はリンの供給は確保できると予想されるようになった。なお、リン資源が有限であるという事実と矛盾するようだが、世界的にリンは過剰投入気味であり土壌汚染が深刻化している。

(4) 水俣病を引き起こしたチッソも肥料会社であった。農業の近代化、工業化を図る過程で環境への影響は軽視され、結果特定の地域に住む人たちが甚大な犠牲を蒙った水俣病の構図に、現在の原発問題との類似点を見出す人は多い。たとえば気鋭の農業経済学者藤原辰史は水俣病問題を「今の福島原発の前史といってもいい」と表現している(藤原 二〇一四年)。また、水俣地域の人たちが、人と人、人と自然との関係性回復を目指し掲げた「もやい直し」というコンセプトは、福島で復興に取り組む人たちに引き継がれ、いわき市のN

ＰＯ法人が水俣スタディーツアーを組むなど、交流も生まれている。

（5）このような、農薬、化学肥料、飼料、あるいは農機具生産の際に消費されるエネルギーは、一般的に農業における「間接エネルギー」消費としてとらえられる。「農業とエネルギー消費」といったトピックを扱った書籍を参照する際は、生産の現場で消費される（ハウス内を加温するための重油などの）「直接エネルギー」だけを対象としているのか、「直接エネルギー」「間接エネルギー」両方を範疇に含めているのか混同しないように留意する必要がある（著者自身が混同していそうな記述も見かけることがある）。

（6）それでも、親子喧嘩をしながら農薬や化学肥料の使用縮減に取り組む人も確かにいる。

（7）「有機農業」や「有機農産物」といった言葉の範囲は人によってさまざまで、多くの混乱を呼んできた歴史がある。有機ＪＡＳ法にのっとれば、有機ＪＡＳ認証を取得している農産物が「有機農産物」、それを栽培する農業スタイルが「有機農業」ということになるが、ここではもう少しおおまかに、化学合成農薬や化学肥料を用いない農業を「有機農業」と呼ぶこととする。認証制度の功罪についても言及したいが今回は割愛する。

（8）http://yuki-hajimeru.net/?p=3458　より（二〇一四年一一月二〇日閲覧）。

（9）農業における「持てる者」と「持たざる者」（親が所有している農地や施設、機械を駆使してスタートできる者と、空き家と空き農地を求めてさまようことになる者）の格差はすさまじく、意欲があり優秀な人の参入を阻む大きな理由となっている。

(10) ちなみに僕は、話題の「耕作放棄地の増加」は必ずしも悪だとは思っていないが（日本社会全体が縮小していく前提に立てば、森林／原野に返した方がよい農地もあるはず）、本章で論じると脱線しすぎてしまうため割愛する。また「どんな就農希望者でも農業を続けられるように手厚くサポートすべきだ」というような博愛主義者でもない。彼らが持っている多機能性（環境保全効果や地域活性効果など）に配慮したうえで公平な競争環境を用意することが肝要だと考えている。

(11) 交換した名刺の数などから概算すると、毎年二〇〇人くらいからこの質問を受けているように思う。

(12) この問いに関しても「いや、そういうわけでもないんです」と言うと、怪訝そうなまなざしが向けられることになる。

(13) 経験的には、新規就農希望者や農業行政に関わる方などでも半分以上の方がこのように答えるように思う。

(14) 販路が確立できるまでのつなぎとしてや余剰分を売り切るために市場にアクセスできる

状態を保つのはそれなりに有効だったりもする（品目を絞った栽培の場合など）。

（15）それでも、購買者から愛されるキャラクターの持ち主であることや、インターネットを活用した集客もできることなど、何らかの強みは必要だろう。

（16）文系からも理系からも受験でき、入学後に幅広い選択肢のなかから自分の専門分野を見つけていけるというのが触れ込みだった。

（17）チベット人の居住エリアの多くは中国政府によって外国人非開放地域とされている。

（18）岩田進午はクレタ、レバノン、シリア、パレスチナ、ギリシャなどを例として挙げている（岩田 二〇〇四年）。おそらく、V・G・カーターとT・デールの共著である『土と文明』（一九七四年、日本語版一九七五年）を参考にしていると思われる。

（19）鄙びたアパートの一階、裏は墓地。家賃は四万円くらいだったと思う。

（20）二〇〇軒以上の農家さんを訪ねていろんな野菜を食べ続けた結果、そういう印象を持つにいたった。大面積での栽培になればなるほど、画一的な管理になってしまうのだろう。もちろん例外も多いけれど。

（21）何を作ったら売れるのかわからず、いろんな品目に手を出したり迷走している最中に出会った、ともいえるかもしれない。

(22) 素直な平松は僕の強がりを信じて淡々と仕事をこなしていたが、もう一人の立ち上げメンバーはこの頃にはすっかり興味の対象が移ってしまっていて、流れ解散のような形で出て行った。そのあと一年ほどは、僕と平松の二人でどうにか切り盛りしていた。ちなみに、退社したメンバーはその後近所で再度起業し、今でもしばしば情報交換をしている。

(23) だからこそ常連さんがとてもありがたかった。電気屋のおばちゃんありがとう。

(24) 二〇一一年八月に直営店舗「坂ノ途中 soil」をオープンした。

(25) この章でたびたび触れている通り、販路確保は新規就農者の大きなハードルになることが多い。新天地に移住した場合も、同様の状況に陥りがちだといえる。

(26) もちろん販売形態に関しても同様だ。坂ノ途中は、根本的な発想の部分で一定の普遍性を持つと思っているが、事業モデルはどの地域でも適用可能というわけでは決してないだろう。

(27)「安心」は感性の問題なので議論しづらい部分が多いが、安全性に関しては、農薬や化学肥料を使っていてもたいていの場合確保されていると思う。もちろん、そうでない栽培をしてしまっているケースはゼロではないし、個人差が大きい(坂ノ途中の顧客には化学物質過敏症の方などデリケートな方も多い)ので一概には言えない。さらには、どんな肥料をどの程度投入しているかなどにより、有機農産物だからといってすなわち安全とも言いきれない側面もある。
(28) 農薬や化学肥料を用いないという有機農業の姿勢は、近代文明や資本主義へのアンチテーゼのようにも見える。そういう意味で、学生運動に没入した層と有機農業は好相性だったのだろう。
(29) 認証は取得していないが有機農業を行っているという農地を含めても、〇・三〜〇・六パーセント程度だろう。
(30) 国内消費額は世界全体の四五パーセント程度を占める。一人あたり年間消費額でも六〇〇〇円程度とドイツやフランス並み。ちなみに日本は八四〇円程度（生田 二〇一二年）。
(31) もちろん政治的な要因も大きく作用していると思われるが、ここでは説明を割愛する。たとえばEUの場合、集約的な農業の環境負荷の大きさを認め、集約度を下げた有機農業を推奨している。また、とくに農地面積が限られている国では、国内での資源循環の確立などを目指し有機農業を推奨する場合が多い。日本も中山間地などでは同様の発想で有機農業が推し進められてしかるべきだと思うのだが。
(32) 師匠が大手流通企業と取引をしているなどの縁で、新規就農者に大手流通企業にむけて農産物を卸す機会が巡ってくる場合もある。一般的には、大手流通企業との取引は単価を低く抑えられるうえ安定生産が強く求められるため、まとまった農地が確保しにくい新規就農者にとってはそれほど相性のよい取引先とはならないことが多い。

(33) そしてそれらの投資には行政からの補助金が適用された場合が多い。

(34) 坂ノ途中の提携生産者でも類似事例が多々ある。

(35) もっとも、最近では親族に限らず農地を後継する者を育成するための助成事業なども増えているし、条件のいい空き農地も増えてきているので、農家の子供と非農家の子供の線引きは少しずつ薄らいできている印象がある。

(36) 事業展開の背景には、上述のような合理的判断だけでなく、報われない立場にある存在になんとなく肩入れしたくなるという僕の性格的なクセもあることを告白しておく。小学生のころから広島カープを応援しているが、以来一度も優勝していない。

(37) 坂ノ途中の農場長は十数年前に就農した。その際彼は農地の購入に踏み切っている(当時、農地を借りるという選択肢は事実上なかった)。今の相場よりもうんと高額で購入した農地は、決して条件がいいとは言えない。極端な畑では山と山に挟まれて冬場は三時間程度しか日が当たらない。鳥獣害だってひどい。のちにこの農地が坂ノ途中の自社農場となった際、そこを「やまのあいだファーム」と名付けたのは、農地が山と山に挟まれているというのも理由の一つである。

(38) 就農を目指す者や、前職での農産物との関わり方に疑問を感じ転職してきた野菜販売のプロ、カンボジアで環境保全活動をしていて帰国した者など、バックグラウンドはさまざまだが会社としての目指す姿を共有できているのがありがたい。

(39) 一方で、野菜のロスが出そうなときには発注担当者への痛烈な苦情が発生する。農産物や生産者への思い入れが相当に強いのだ。

(40) おそらく、一般的な有機農産物通販企業のメインターゲットはもう少しシニアな層だと思う。

(41) 地域活性化を図ったり都市部で野菜販売を行っている方で「坂ノ途中の取り組みを（多少は）参考にしているよ」と言ってくださる方は数例存在する。しかしながら、取り組まれている方それぞれの創意工夫や多大な努力による部分が大きく、類似事例が増殖していくプロセスに入ったとはとても言える状態ではない。

(42) 各都市でハブと呼ばれるグループを形成することで、Global Shapers同士の連携が生まれ社会変革が加速していくことを狙いとしている。

(43) そして二〇一四年七月からはキュレーター（代表者）を務めている。メンバーのみなさま、丸投げが多くてスミマセン。

(44) 名称は「東アジア会議」だが、実際には毎年東南アジアで開催されていて、話題の中心も東南アジアだ。

(45) 一時期「ビルマ」という呼び方にこだわっていたが、二〇〇三年の訪問時に「どちらでもいいよ」という現地の人たちと多く出会って気にしなくなった。

(46)「努力」の詳細はここでは明らかにしないが、ミャンマーの人たちはたとえそれが職務であっても、相手が外国人であっても、祈りを妨げて料金を請求するような野暮なことは決してしなかった。

(47) きっと、「消費者のみなさんの安心・安全のために有機野菜を売っています」だったらその一行で活動内容を理解してもらえるだろう。

(48) たとえば菅原和孝は、フィールドワークの鉄則として「つねに〈伝聞証拠〉を疑い、自分の目と耳で確かめよ」「誘導尋問をしない」「転んでもタダでは起きない」という三つを挙げている（菅原　二〇〇六年）が、これはビジネスにおける市場調査の要諦と一致しているといえよう。

(49) 余談だが、人類学バックグラウンドの人がビジネス領域に入ってこない大きな要因として、フィールドに入り込んだりしているうちにどんどん「浮世離れ」していき、金銭的な報酬が動機づけにならないということが挙げられよう。だからこそ、金銭的には報われにくくとも知的刺激に溢れ、社会をよりよい（と自分で信じている）方向に変革させることを目指す社会的起業分野こそ、人類学バックグラウンドの人が活躍できる、学問以外の「もう一つの道」なのではないかと考えている。「もう一つの道」へ進む際は、人類学が持っている、自分たちの闖入《ちんにゅう》によりフィールドに与えてしまう影響を恐れる姿勢を大切にして、決して失わずにいてほしい。ナイーブにも映る内省性と、石にかじりついてでも問題解決を志向していく貪欲さの両立を目指す姿勢こそ、社会的起業分野に求められているのだと思っている。

(50) さらに余談だが、僕は授業の出席率がきわめて低い学生だったために、人類学における基礎知識がいたるところで欠落している（キモは押さえていると信じている）。方向転換するまでは優等生的な人類学徒だった宮下にしばしば「え、そんなのも読んでないんですか」と冷淡に指摘されている。

(51) 指導といっても、間引きの必要性を説明するなど、きわめて基礎的な内容にとどまっている。本格的な栽培指導をしてくれるプロが「我こそは」と名乗りを上げてくれるのを期待している。

(52) ある地域では開墾が大幅に遅れ、そもそも播種できなかった。その他にも、発芽した畑に隣人が牛を放牧し新芽が軒並み食べられてしまうなど、日本の常識では考えられない事態が多発した。

(53) たとえば、「モリンガ」という植物がある。種から抽出するモリンガオイルは、化粧品用の高級油として扱われることも多いが、ウガンダでは雑木扱いされている場面を見かける。

(54) マダガスカルが産地として有名だが、ウガンダでも栽培されている。ウガンダのバニラビーンズはやや小ぶりで見劣りするものの、独特の複雑で豊かな香りがあることから評価を得ている。

(55) 別の側面として、単位面積あたりの収穫量が少なくなるため、同じ量の収穫を得るためにはより多くの農地を必要とする。仮に森林を切り拓くことでしか農地が得られないと仮定すると、こういった農業の拡大はむしろ環境負荷を大きくする、という見方もできなくはない。しかしながら、少なくとも日本の場合、耕作放棄地が急激に拡大していることをふまえると、この「側面」は的を射ているとはいえないだろう。また、生物密度がきわめて高い農地の外部経済（保水力の維持や生物多様性への貢献など）を見くびっているようにも思える。

（56）刈り草などで隠したかぼちゃの種をカラスが目ざとく見つける様子をカラスの知性を喜ぶように話すし、深刻な獣害をもたらす鹿やイノシシに対しても「～しはる」と関西弁の尊敬語で話す。多様な生き物がいるなかに、「こいつもまぜたって」と人間が食べるための野菜も仲間に入れてもらうのだという発想が根底に流れている。

（57）諸説ある。また、「自然農」「自然農法」「自然栽培」といった言葉が、それぞれのニュアンスは異なりつつも、明確な定義なく使われている。それぞれの発想や成立するメカニズムをかい摘んでまとめるだけでも面白い読み物になると思うが、今回は割愛する。

（58）たとえば、南インドのローカル言語マラヤーラム語にも翻訳されているという（秋山二〇一一年）。

（59）プレゼンテーションが上手か否か、愛されるキャラクターか否かといった要素で「スター農家」として注目される可能性が大きく異なるのが現実だ。しかし、実践する人が寡黙でも無愛想でも冗談が下手でも、土を豊かにする農業の必要性は変わらないし、そういった農業ができる人材には是非とも農業を続けてほしいと当社では考えている。

(60) 当社の農場では話好きな農場長がかなり懇切丁寧に説明したり手本を見せるが、一般的にはOJTの名のもとに実際は安価な労働力としてのみ期待され、技術研鑽につながる経験をなかなかさせてもらえない研修生が多いことも、農業が抱える問題の一つだ。

(61) 日本の農業における有機農業という「周縁」、そして農業者における新規就農者という「周縁」と関わり続けているなかで、おぼろげながら見いだされてきた目指す農業の姿が、ウガンダの村落部という「中央」からほど遠く離れた「周縁の極み」とも言うべきところで再確認できた。このことは世の中の多重性のおもしろさでもあるし、考えながら「遠く」へ行く意義を物語っているという点で、人類学の力強さを示す例でもあろう。

(62) もちろん、そうまでしても入手したい特別な鶏糞というものもありえる（飼料のトレーサビリティが確保されている、養鶏農家さんと特別に親密な関係がある、などの理由で）。

(63) そもそも荒唐無稽なものも多いけれど。

(64) 里山は、下草、落葉、落枝などを回収したり樹木を伐採するなど人の手が入ることで落葉樹林を維持している。主に関東地方沿岸部から西南日本にかけて、人間による植物遺体の収奪をやめれば、肥沃化が進み植生は常緑広葉樹林へと遷移していく（岩田　二〇〇四）。

(65) 日本ではフライ用の白身魚として広く出回っている。回転ずしなどでスズキの代用魚として活躍することもあったらしい。またナイルパーチは外来種であり、在来生物群に大きな影響を与えていることも付け足しておく。ＩＵＣＮ（国際自然保護連合）より「世界の侵略的外来種ワースト一〇〇」に選ばれている。

(66) すでに海外での生産に挑戦する日本人は急速に増えている。「孤軍奮闘」ともいうべき状態の人や企業も多いが、ビジネスとして成り立たせている例も見かける。

(67) 集落レベルであっても市町村レベルであっても国家レベルであっても大陸レベルであっても。

(68) このようなネガティブな変化が局所的である場合や辺境地域である場合、「救いの手」が差し伸べられる可能性は高くない。たとえば、中国内陸部では大幅な砂漠化（要因は気候変動よりも過放牧、および過灌漑による塩害が大きい）が進行していることは間違いないと思われる。しかし中国当局の発表資料では砂漠面積はむしろ縮小しているという報道も見かける。

(69) 「地産地消」という言葉が用いられ始めた一九八〇年代頃の意義は（主に健康増進のために野菜の摂取量を増やすべきだと考えられた地域において）、他地域や国から農産物を購入すると高くなってしまうため、また減反政策に呼応するため、緑黄色野菜や西洋野菜の栽培を導入しようというものであり、昨今用いられる地域農業の活性化や消費者と生産者のコミュニケーション増、環境負荷低減といった文脈とは大きく異なっていた。

(70) ミステリードラマでは冒頭から「顔が見える」状態の登場人物を真っ先に疑ってしまう僕としては、ちょっと共感しづらい。なお、顔が見える生産者が余剰気味になると、今度は顔が見えないことが売れるコツになったりもする。ある直売所に出荷している若手農家は、「私が作りました」という顔写真入りのPOPだと思うように売り上げが伸びず、悩んだ末、「私のご主人様が作りました」と書いた飼い犬の写真入りのPOPに切り替えたところ、売り上げが倍増したという。

(71) ライフサイクルアセスメントなどの文脈でこの手の調査発表は数多くなされている。一次資料を取りまとめて書籍にしているものとしてはたとえば『食の安全と環境「気分のエコ」にはだまされない』(松永 二〇一〇年)。

(72) この例は挙げだせば切りがない。秋が訪れ気温が下がってから播種すれば虫害が発生しにくい冬野菜を、「ハシリ」の季節での収穫をめざし晩夏に播種するという戦略を選択する場合、殺虫剤使用は前提化されている場合が多いだろう。あるいは他の生産者との差別化のために土質にあわないものを栽培する場合、病気が発生しやすくなり、農薬による消毒ニーズが高まりやすい。

(73) 持続可能性の確保を考えるのならば、(多くの人はあまり議論したがらないポイントだが)肉食の割合を低減することは必須だろう。極論するならば、将来的には畜産農家の他業種への転換というのも必要なアクションとなるかもしれない。

(74) OECD Environmental Database 2013.

(75) 西尾道徳の「環境保全型農業レポート」によれば、その理由は「有機農業は環境汚染の軽減、生物多様性の向上、農村景観の保全などの重要な便益(多面的機能)を社会に提供しているが、農業者はこうした社会的便益を意識しておらず、その対価も受け取っていない。そこで、慣行農業に比べて収量の低い有機農業に転換したり、実施したりすることによって生じた収益減を補償し、社会的便益に対する対価を支給する」というものらしい。

(76) 生物学的な競争環境が維持できているかどうかで、有機農業の難易度は大きく変わる。生物密度が疎になっていれば特定の菌が発生しやすい(病気になりやすい)し、特定の虫の捕食者が不在であればその虫が大量発生しやすくなる(すなわち虫害が深刻化しやすくなる)。

(77) 二〇一五年には、幅広い層の消費者に興味を持ってもらうため、環境負荷の小さい暮らしを提案するライフスタイルショップを東京都渋谷区代々木にオープンさせた。これも、プラットフォームをイメージして事業を組み立てている一環なのだ。

(78) これは適地適作によるメリットと、生産者との距離を縮めることでいつでも密なコミュニケーションをとりたい、輸送時の環境負荷を抑えたいといった思いとのバランスを取った結果だ。

(79) もちろん、「そんな儲からなさそうなことするくらいなら、野菜代値下げしてよ」といったコメントは一件もなかった。

(80) 消費者だけではない。「ウガンダのバニラ？　ほな買うわ」と、多くの飲食店さんがウガンダのバニラを買ってくれている。「ウガンダってどんなとこなん？」とバニラをきっかけに取り組み全体やウガンダに対して興味を持ってくれる方も多い。

(81) そのために必要となることは、食と農の分野で挙げるなら、大きくは、①農業が持っている環境負荷の低減（生産の現場を変えていく）、②食品廃棄量の縮減（加工、流通、調理の現場を変えていく）、③肉食量の縮減（食事の中身を変えていく）、の三つだろう。僕はとりあえず①を自分のテーマに選んだが、他のテーマに取り組む方とも連携していきたい。

【参考文献】（URLは二〇一四年一一月二〇日閲覧）

秋山晶子（二〇〇八）「南インド、ケーララ州における有機農業推進政策」『アジア・アフリカ地域研究』七巻二号、一九一～二一三頁。

生田孝史（二〇一二）「環境保全型農産物の流通販売の現状と今後の展望」（www.ecofarm-net.jp/03symposium/pdf/121127_06.pdf）。

岩田進午（二〇〇四）『「健康な土」「病んだ土」』新日本出版社。

菅原和孝（二〇〇二）『感情の猿＝人』弘文堂。

菅原和孝（二〇〇六）『フィールドワークへの挑戦――〈実践〉人類学入門』世界思想社。

杉山修一（二〇一三）『すごい畑のすごい土』幻冬舎。

全国農業会議所（二〇一一）「新規就農者（新規参入者）の就農実態に関する調査結果」。

西尾道徳「環境保全型農業レポート」（http://lib.ruralnet.or.jp/nisio/）。

農林水産省（二〇〇九）「担い手関係資料について」。

藤原辰史（二〇一四）『食べることと考えること』共和国。

松永和紀（二〇一〇）『食の安全と環境――「気分のエコ」にはだまされない』

デイビッド・モントゴメリー著、片岡夏実訳（二〇一〇）『土の文明史――ローマ帝国、マヤ文明を滅ぼし、米国、中国を衰退させる土の話』築地書館。

「化学肥料で〝肥沃〟になった地球の未来」『ナショナルジオグラフィック日本語版』二〇一三年五月号、一〇二〜一一八頁。

有機農業参入促進協議会ウェブサイト（http://yuki-hajimeru.net/）。

OECD Environmental Database 2013 (http://stats.oecd.org//Index.aspx?QueryId=48673).

第3章　地産外消・中規模流通の意義
――「クロスエイジ」の事業展開――

藤野直人

藤野直人

（ふじの　なおと）

1981年，奈良県生まれ。
株式会社クロスエイジ代表取締役。

幼少期を台湾で過ごした後，奈良へ戻り，中学生の時に起業を志し，さまざまな本を読破。九州大学へ進んだことを契機に農業の中規模流通という発想を持つ。「農業の産業化」を基本的な目標として，2005年，九州大学発ベンチャー「株式会社クロスエイジ」を設立。青果事業者，出荷グループ，農業法人向けのコンサルタント事業を始める。現在はコンサルタント事業の他に，農産物の仕入れ代行業や100を超える仕入先と50を超える販売者をつなぐコーディネーターとしても活躍。著書に『これからの農業ビジネス』（同文館出版，2011年）がある。

1　「農業の産業化」をめざして

社会的な課題を事業を通じて解決する

起業したいと思ったのは中学三年生のときだ。サッカー選手になりたいだとか、父親がNASAのカレンダーを持って帰ってからは宇宙に出たいだとか、そういう思いがあった時期もある。だがビル・ゲイツと孫正義、この二人のドキュメンタリーや自伝に触れてからは、思いはただ一つ、「自分で会社を作りたい」だった。それが中学三年生のときだった。

技術を身につけ、技術開発型ベンチャー企業を創業すべく、奈良高専に進もうかと思ったが、社長は必ずしも技術者である必要はないという考えから、公立の普通科である奈良県立畝傍《うねび》高校に進んだ。休み時間に会社四季報を読んだり、アサヒビール元社長の樋口広太郎の本を読んだり、当時から自分は将来ベンチャービジネスを起業したいと公言していたと思う。

大学の選択基準は単純だった。一人暮らしをしたかったので、地元を離れるということ、親の負担にならないように国立の大学にいくこと、もともと起業の準備の期間にしようと思っていたので、そんなにこだわりはなかったように思う。これも運命だったのかなあと思うのは、やはり九州に来たことだろう。大学入試二次試験の前期は東京工業大学を受験して落ち、後期で九州大学を受け合格した。浪人する気はなかったので、どちらも合格できなかったらアメリカに行こうと思っていた。もともと日本の大学よりもアメリカの大学に行きたいと思っていたが、父親から経済的に無理と言われ、それなら日本の大学に落ちたら、バイトしながらお金をためて行こうと思っていた。三つあった可能性のなかで、結果的に九州に来ることになったあたりが、やはり運命なのだ。他の二つだったら、農業分野とは出会っていなかっただろう。

大学時代、年間一〇〇冊以上は本を読んでいた。いろいろな経験や知識が凝縮された情報が五〇〇～一五〇〇円で手に入るというのは、相当安いと思う。そんななかで、起業するにあたって大きな影響を受けた本がある。町田洋次という人が書いた『社会起業家』（PHP新書）という本だ。ボランティアでもNPOでもなく、事業（ビジネス）を通じて社会を変革する社会起業家（ソーシャル・アントレプレナー）という概念について書かれたものだ。これだと思った。

大学三年生の夏休み、大学構内に貼り紙がしてあった。ベンチャーインターンシップ募集という内容のもので、すぐさま申し込んだ。第二希望の受け入れ先だったが、主に中小メーカーや行政をクライアントとしているマーケティングコンサルティングの会社に二週間の研修に行くことになった。株式会社やずやに対しデータベースマーケティングやカスタマーリレーションシップマーケティングの手法をコンサルしたり、福岡県のBtoBプラットフォーム（企業間のビジネス基盤）を構築したりしたことで実績のある会社であった。余談であるが、ベンチャー企業の経営実態を見て思ったのは、いくらアイディアやバイタリティがあっても、基本的な経営能力がなければ成長できないということだ。このインターンシップでお世話になった会社は大企業の営業マン出身の社長で、プレゼンは上手であったが、プロジェクトや事業をうまく成功に導けないタイプであった。今となっては反面教師として、私の経験のなかで生きている。

そこでインターンシップ生として在籍しているときに、ある依頼が飛び込んできた。青果市場の再建である。これが、私と農業分野をつないだ最初の接点であった。プロジェクトメンバーとして加わり、勉強会の段取りや従業員インタビュー、生産者や販売先である仲卸会社やスーパーへのヒアリング、先進事例調査、大手流通企業や農業生産法人の動向調査などを行った。当時、ブリヂストンを引退した企業ＯＢと一緒に仕事をさせて頂いていたが、この人がそのときに言っていたこんな言葉が印象的である。

「藤野さん、青果市場のなかってのは、何十年も前にタイムスリップしたようだ。僕たちがはるか昔に通過してきた世界だよ」。

日本のタイヤトップメーカーとして世界を相手に戦ってきた企業戦士の言葉を聴いて、そんなものなのかと思いつつ、農業や青果物流通業界に眠る巨大な伸び代を感じた。

農業分野に魅力を感じたポイントはもう一つある。仕事には、「世の中を便利にする仕事」と「世の中になくてはならない仕事」の二種類があると思う。私はこれからの長い起業家人生を考えたとき、基本となる大きなテーマは変えたくなかった。一生取り組めるテーマがいいと思った。それならば世の中になくてはならない仕事がいい、農業や食の世界は絶対になくなることはない。だから魅力を感じた。

かくして、中学三年生で起業したいという思い、九州という地、社会起業家、食と農……、さまざまな点がつながって線となり、株式会社クロスエイジ（以下、クロスエイジ）は誕生することとなった。大学を卒業し、二三歳になっていた。

理念があるから継続できる

「世に生を得るは事を成すにあり」という坂本龍馬の言葉が好きだ。この世に生まれたからには、夢、生きがい、自分の存在価値、そういったものにつながる大きな目的を持って生きていきたいものだ。

会社であれば、その大きな目的にあたるのが経営理念だ。経営理念についてあまり真剣に考えていない会社も多いようだが、起業して成功するかどうかの最初のポイントは、その実現に向けて一〇〇パーセントコミットできる経営理念を見つけられるかどうかだと思う。いろいろ思うようには行かないときもある、どうして自分はがんばっているんだろうと疑問に思うときもある。そんなときに原点に返り、再び前進するパワーを与えてくれるのが経営理念だからだ。

クロスエイジの経営理念、それは「農業の産業化」だ。産業化というと漠然としているが、具体的には次に掲げる五つの農業の形をめざしている。

一つめは、「自分で作って自分で売る農業」だ。農家が自分で消費者に手売りをすればいいと言っているわけではなく、自分の作ったアイコトマトがスーパー〇〇で販売されている、我が家のネバリスター（長芋の新品種）が飲食チェーン〇〇でとろろご飯用に使われ

図１　加工や輸出に取り組むリンゴ農家の人たちと

ている、うちの柑橘がネット通販を通じて消費者に販売されている、といったことだ。消費者の表情を感じられる農業と言ってもよいと思うが、農業生産法人・出荷グループ、若手専業農家、篤農家、異業種から参入した農業経営体が主なプレーヤーになる。

二つめは、「所得一〇〇〇万を稼ぐ農業」だ。売り上げではなく所得として、親子で、夫婦で、役員報酬で一〇〇〇万稼げるような農業になれば、もっと農業をやりたい優秀な人が増えてくると思う。

三つめは、「品質、生産性、流通・加工で世界一の農業」だ。日本農業の特徴は、果物が甘さ抜群であったり野菜が風味豊かだったりと、その品質レベルの高さにある。

また、限られた面積で多くの農産物を収穫、効率的なオペレーションで人件費を抑制など、生産性の高さも特徴だ。そして、六次産業化や農商工連携といった言葉に代表されるように、一つの素材からさまざまな加工品を作ったり、流通まで農家が取り組んだりしているのも日本農業の特徴だ。こういった特徴をさらに伸ばしていき、世界一を実感しながら農業ができればなんだかわくわくしてくるではないか。

四つめは、「輸出産業としての農業」だ。単純な農産物の輸出は経営的に厳しい品目が多いが、品目や輸出相手を選定してマーケティングプランを練ることで、輸出の増大は可能になってくる。ただ、それよりも、流通・加工まで含めた日本型経営システムの輸出がおもしろい。現地生産・現地流通に取り組むことで、世界に「メイド・バイ・ジャパニーズファーマー」が広がる。

五つめは「小学生のなりたい職業ナンバーワンとしての農業」だ。先に述べた四項目が実現できていれば、農業はかなり魅力的な職業になると思う。

「販路」構築を基点として

これらの農業の形を作っていくことがクロスエイジの存在意義だ。クロスエイジが展開

図2　新福社長

している既存事業も今後の新規事業もこの目的から外れることはない。
　ちなみに、「販路を基点とした」というフレーズをつけているのにもこだわりがある。創業一年めに宮崎にある農業生産法人、有限会社新福青果の新福社長にお会いする機会が持てた。ダブルブッキングになり代わりに当時の工場長に対応して頂き、私の思いや今後の取り組みの話などを聴いて頂いていたのだが、そのまま新福社長には会えずじまいで帰るところだった。そうしたら、たまたま別の訪問者の対応が終わり、駐車場でお会いすることができ、「ちょっと上がりなさい」と社長室に通して頂いた。一通り、私の話を聞いて頂いた後に、新福社長から言われたことが二つある。

一つめは「誰と会うときでも俺の紹介と言ってもいい」ということ。当事、宮崎県の農業法人協会の会長であり、ＩＴ農業の先駆け的な存在であり、多様なネットワークを持っていた新福社長のこの一言が今のクロスエイジの九州一円の生産者ネットワーク構築のきっかけになった。

二つめは「お前は農業をせんでいい、農業が苦しいのは畑を耕す人が不足しているからではなく、農業が儲かりづらい流通の仕組みになってしまっているから。大学出て、農業関係で事業をするなら流通の仕組みを作りなさい」ということだった。今思えば、どれだけ著名な農業法人になっても、生産現場を持ちながら流通改革を行っていくことの苦労があったのだと思う。それだけ、生産現場というのはコントロールが難しく、奥が深い。そこをおろそかにしたくないので、農業法人やプロ農家のために専門に販路を考えてくれる会社や組織が欲しかったのではないかと思う。

この二つめの言葉通り、クロスエイジは農業そのものへの参入はしていないし、また当面する予定はない。あくまで「販路」を基点としながら農業の産業化に邁進していくつもりだ。

2　中規模流通とは何か

めざすは上場、九州のモデルを全国・アジアへ

創業社長にとっての無上の喜びは何かと言われれば、迷わずこう答える。「自分が世に問うたコンセプトが世の中に広がること」だ。クロスエイジの場合は、それにあたるのが「中規模流通」というコンセプトで、すべての事業を展開するにあたって、この概念を元に展開している。まず、農産物の中規模流通という概念について説明しよう。

たとえば、弊社に「太陽アイコ」という商品がある。全国の量販店（スーパー）に向けて出荷されており、チラシに載る特売用のミニトマトではなく、こだわり商品として位置づけられている。これは以下の三つの特徴を持っている。

特徴①　水田だった土地を活用する特殊な農法で甘みとコクと皮の薄さを実現、かつ農業生産法人による安定供給。

特徴②　プラム型（細長い）フルーツトマト品種「アイコ」、赤だけでなく黄色、オレ

ンジ色も栽培。

特徴③　一ケース一八パック入り、六ケース結束で全国出荷（宅急便）。

図３　太陽アイコのPOP

それから価格設定（店頭売価）であるが、一般的に単価が二〇〇円を超えるといくら「こだわりの」と言っても農産物はなかなか売れない。したがって店頭税込一九八円という価格設定をよくする。農家の期待手取り、相場、競合商品、コスト積み上げなどを考慮して、内容量は一二〇グラムとしている。消費者には値ごろ感を、農家・小売店舗・流通業者（クロスエイジ含む）には適正な利益が配分され、流通規模が拡大していくことで、関係者がＷＩＮ－ＷＩＮの関係を築いていく。

これが中規模流通のあり方だ。

生産から販売に関わる一連の供給・販売企画の

人でごったがえす店内

図４　「農家“直”野菜『時や』」高宮店オープン

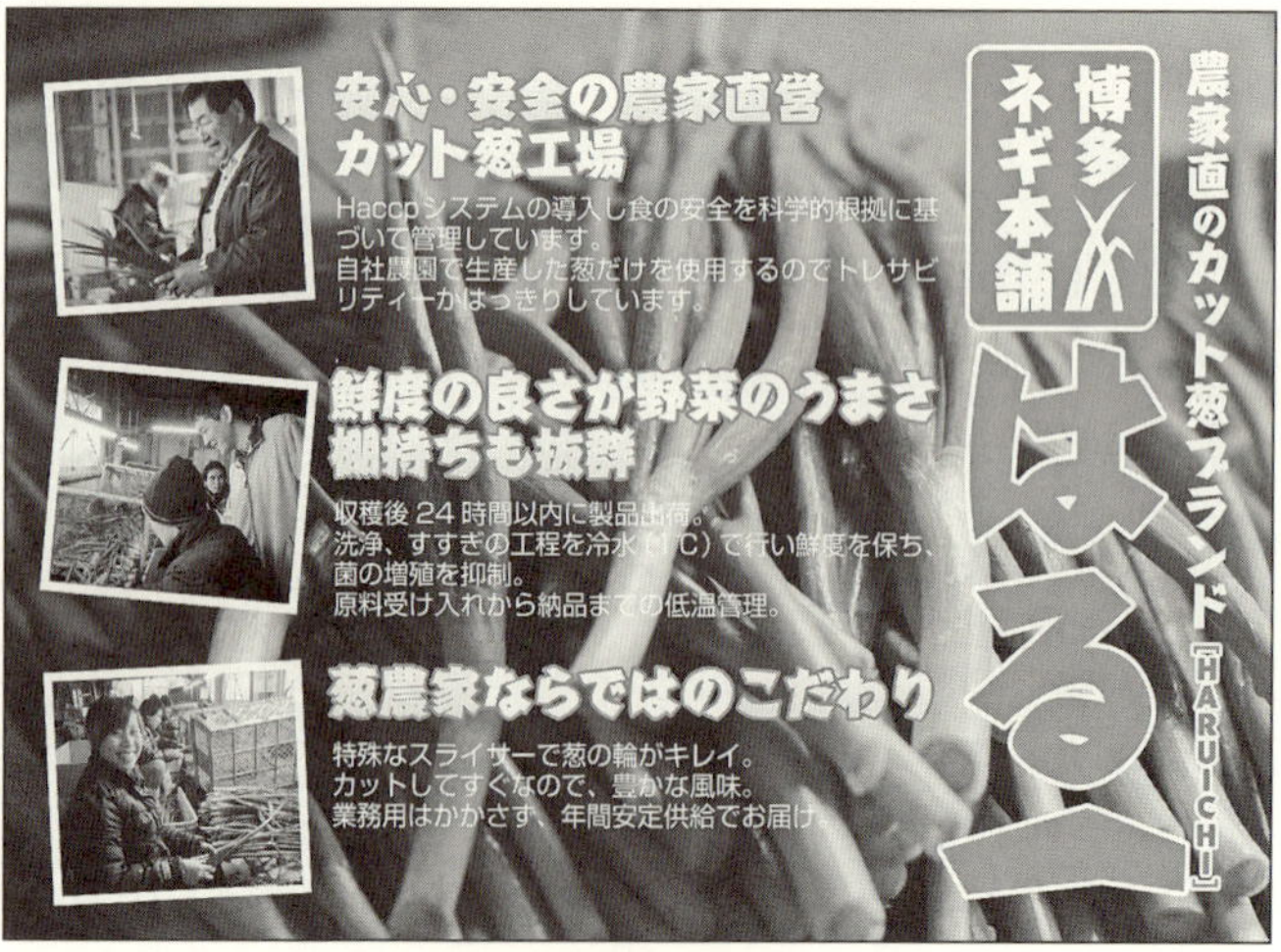

図５　業務・加工用対応の農業で所得1000万円

設計や各種補助事業や委託事業の獲得による産地の基盤強化を「食と農の企画・コンサルタント事業」として、また、実際の販路拡大の実業部分を「流通開発事業（産直卸）」として、そしてアンテナショップや需給調整機能、販路機能の一部を「消費者直販事業（農家〝直〟野菜『時や』）」として展開している。

中規模流通という名称であるが、これは小規模流通である「地産地消」、大規模流通である「農協・青果市場流通」とは一線を画す概念ということで、価値や出荷量にふさわしい〝中規模〟の流通ということで名づけている。中規模流通の詳細な内容については『本気で稼ぐ！　これからの農業ビジネス――農業所得一〇〇〇万円を作り出す「中規模流通」という仕組み』（同文館出版、二〇一一年）にくわしく書かせて頂いている。わたし自身、発展途上のなかで書いた書籍であるが、結構気に入って頂いている農家や業界関係者が多いので安堵している。

このコンセプトが世の中に広がること、ともに取り組む農家が増え、商品を気に入って頂くバイヤーや販売先が増え、支援頂く方々が増え、スタッフが増えていくことが私の望みである。二〇一二年の夏には台湾のシンクタンクから招聘があり、高雄で台湾の農家を前に同時通訳で講演をさせて頂いた。中規模流通を中心とした話で、時折会場から拍手を

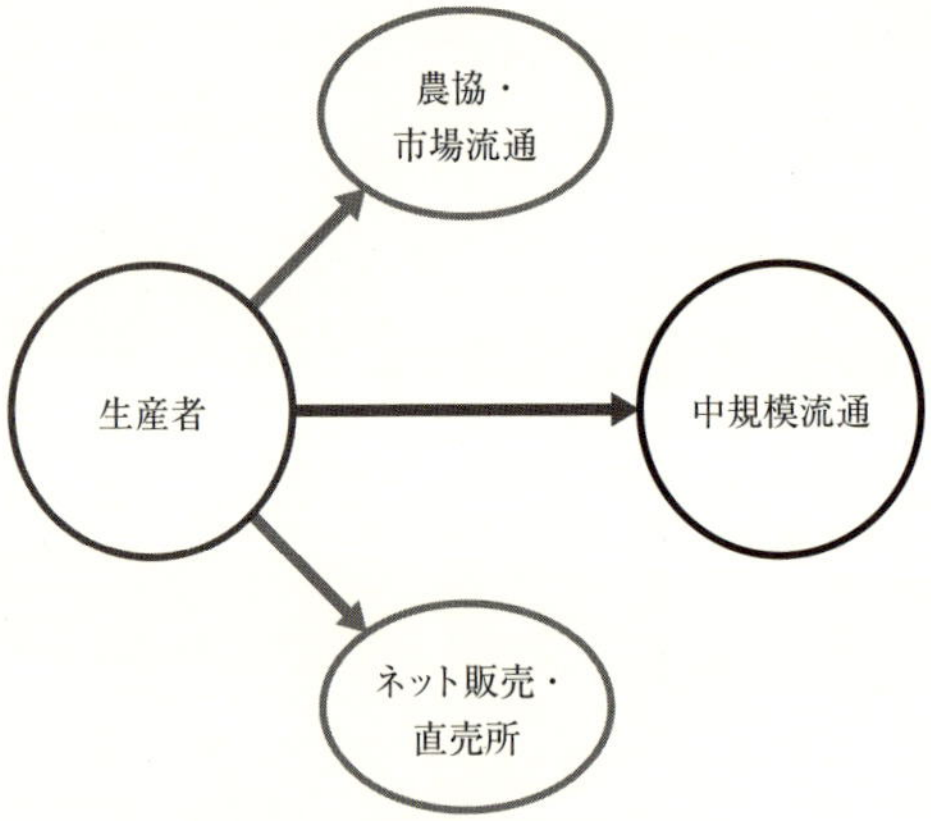

図６　中規模流通のイメージ

頂いたり、クロスエイジみたいなビジネスモデルを台湾で展開したいという人も現れたりした。二〇一三年には韓国の大学の先生から「学会で日本に来たときに読んだが、韓国で翻訳したい」という話も頂いた。このコンセプトが海を渡り、アジアに展開できればと思っている。

コンセプトを広げることと並んで実現させたいことが上場である。三〇代のうちにはなんとしても成し遂げたいと決意している。流通開発事業、食と農の企画・コンサル事業、消費者直販事業の三事業で売り上げ一四億円、最終利益六〇〇〇万円強で、まずはQボード（福岡証券取引場の新興企業向けマーケット）へ上場というのが今描いているビジョンだ。

一四億円の事業ごとの内訳は、流通開発事業一〇億円、食と農の企画・コンサル事業一億円、消費者直販事業三億円という構成であり、粗利率がそれぞれの事業で異なるものの、粗利額では八〇〇〇万～一億円で三つの事業のバランスが取れる。ただし、この数字は九州の産地・農家を背景としながらということで、Qボードに上場して資金調達できたら次のステップとしては、各エリアの農産物の企画・開発商社や中間に立つプロデューサーとともに、提携を進めていきながら全国にエリアを拡大し、一〇〇億円の売り上げをめざしていく。

プロ農家が求めていた中規模流通

中規模流通という前に、まず農業の産業化ということを考えた場合、プロ農家の支援が必要だ。農家戸数の減少をいろいろなところで目にするが、実はこれは問題ではない。農家戸数はもっと少なくなってよい。本当に問題なのは、農業で食っていこう、プロでやっていこうとしている農家の減少の方が深刻だということだ。

なぜプロ農家が減少するのかというと、それは小遣い稼ぎ、生きがい対策、年金をもらいながらの農業、兼業収入が農家所得を補いながらの農業、こういった農家が少数派であればいいが、日本の場合はこれが多数派になるからだ。プロ農家は事業としての継続性を考えないといけないため、原価をふまえてダイコンなら一本いくらで売らないといけないという最低線が決まってくる。しかしながら、大多数の農家は原価割れしようと、自分の人件費も考慮せずに農業を続けていく。それ以外の収入があったり、採算性という尺度を持たずに農業をやっていたりするからだ。そんな事業環境で戦わなくてはいけないプロ農家は当然のことながら苦労を強いられる。

そういうなかでプロ農家の販路の支援を考えた場合、まず農産物直売所を中心とする地産地消はその販売規模や周辺農家との競争を考えると販路としては妥当ではない。また、JAや青果市場を中心とする一般的な市場流通は、出荷量は多いものの、価格が思うようにならないこと、プロ農家もそうでない農家も一緒くたにされこだわりが評価されにくいことなどから、これも販路としては不十分だ。そのため小規模な流通（個人への販売や農産物直売所）でも大規模な流通（一般的な市場流通）でもない、第三の道が求められているると強く感じた。そして、プロ農家が作っている量やこだわりに応じたふさわしい規模の流通を中規模流通と定義づけ、そこにアプローチする方法論を実業、コンサルティング事業を通じて体系化してきたわけである。

九州のプロ農家とともに

農業現場からの反応だが、九州のプロ農家を中心に受け入れられているという手応えを感じて今日に至っている。クロスエイジと取り引きを行っている農家はプロ農家ばかりであるが、大まかに次の四タイプとなる。

タイプ① 農業生産法人や出荷グループ（農の世界の中小企業）。
タイプ② 異業種からの参入（食品関係企業、建設業、完全な異業種の三つ）。
タイプ③ 若手農家（農協の部会出荷を行いつつ、中規模流通にも取り組むことが多い）。
タイプ④ 篤農家（法人でも若くもないが、昔からこだわって作ってこだわって販売）。

また、基本的にみな「専作農家」ばかりである。専作、つまりトマト農家、サツマイモ農家、ミカン農家などのように品目を絞ってやっている農家のことであるが、なぜそういった農家が多いのかというと、次の五つの理由からだ。

理由① 適度な規模拡大が可能となり、安定供給力が増す。

理由②　栽培ノウハウの蓄積により、高品質・高収量・低コストが可能となり、価格競争力が増す。
理由③　品目を絞ることで、多品種や新品種への取り組みが可能となり、他の農家との差別化につながる。
理由④　素材に力（量、品質、コスト、バラエティ）があるので、六次産業化や農商工連携への取り組みがしやすい。
理由⑤　生産・加工・販路を含めた経営パッケージとして、他の地域や海外での展開が可能。

これからも、九州の専作経営のプロ農家を中心に、中規模流通にともに取り組んでいき、全国へ供給していく。九州で一四億円の事業になったら、これを全国で展開していく。

3　三事業同時展開の意味

相乗効果

三位一体、ゴールデントライアングル……、この事業モデルの呼び名は定まっていないが、三つの事業を同時並行で展開しているのがクロスエイジのビジネスモデルの特徴だ。よく、「どれがメインなんですか」とか「〇〇事業が収益の柱ですね」とか言われたりするが、三事業が相乗効果を発揮しながら品目特化したプロ農家の中規模流通への対応をトータルに支援している。

先述のとおり、中学三年生のときに起業したいと思い、大学を卒業してから会社を作った。売り上げ一〇〇万円、赤字六五〇万円からスタートしたクロスエイジも二〇一三年九月一日から一〇期目に突入した。売り上げは五億円に迫り、前述のように中期目標では一四億円の売り上げと経常利益六〇〇〇万円を掲げ、Qボードへの上場をめざす。新卒・第二新卒の採用も本格化し、従業員は正社員とパートスタッフあわせて二〇名を超える。

経営を図るものさしとして、一人あたりの労働生産性を念頭においているが、中小企業の平均が五二五万円、大企業のそれが九一〇万円といわれるなか、弊社では二〇代の若手社員を中心としながら八四五万円という数字になっている。中小企業の一一・四パーセントは大企業の労働生産性を超えているといわれるので、弊社も早くそういう企業にならねばと思っている。

ビジネスモデルとしての質的な成長はつねに図っているが、骨格は第四期の時点で形作られた。①九州一円の農産物を仕入れて全国へ販売するという産直卸の事業（流通開発事業）、②農業分野に特化したコンサルティング事業による産地・商品の育成（食と農の企画・コンサルティング事業）、③地元商圏での直営小売店舗事業（消費者直販事業）、これら三つの事業を同時並行で展開し、相乗効果を持たせる三位一体の事業モデルだ。

① 産直卸

この事業は、コンサルティング事業により各地の農家との出会いがあるおかげで、産地開発が容易になっている。また、直営小売店舗があるおかげで需給の調整弁の機能を持つことができ、消費者の反応を見ることができるマーケティング機能も持つことができている。コンサルティングを通じて経営力が強化されれば、将来にわたって安定した取り引き先になっていく。

② コンサルティング事業

この事業は、実業をやっていることで販路を持っている、現場を知っているコンサルタントとしての強みを確立できている。一次産業を対象としたコンサルティングを実施していくためには、口だけではない、実際に実業に取り組んでいるということが大きくモノをいう。また、取り扱い規模の大きい仕入先がクライアントになっていくこともある。

③ 小売事業

直営店舗を展開するこの事業は、卸売事業やコンサルティング事業で商品化された商品、あるいは取り扱っている商品が供給されるおかげで、通常の八百屋やスーパーとは違った、差別化された商材を取り扱うことが可能となっている。また、商材の取り扱い規模が個人店舗よりも産直卸のため大きい。産地との価格的な交渉もやりやすくなり、消費者に値ごろ感を提供できる。

まったく同じビジネスモデルは他にない。あったとしても、地域（弊社の場合は九州）がかぶらない限りは競合とならないので、むしろ同じようなビジネスモデルの他地域での展開を支援している。これまでの実績としては、北海道、宮城、三重、岡山において農産物の商品化や販売ノウハウの移転を実施した。

人材についても、営業戦略会議の運用マニュアルや、供給・販売企画策定マニュアルといった営業や商品化のプロセスのマニュアル化、それに独自の成長支援制度の策定などにより、早期に戦力化する仕組みができあがってきた。これらに加え、新卒や第二新卒の弊社生え抜きのスタッフが中堅職に差しかかってきたことにより、役職がついて事業部や課のまとめ役として、会社の注力分野の主力として、社長が担当してきた案件の引き継ぎ役として、頼もしさを発揮してくれている。

財務に関しては、増加運転資金やつなぎ融資といった通常の資金繰りは金融機関による対応が中心で、地銀二、信用金庫一、政府系金融機関一という構成で取引させて頂いており、半期に一回の事業報告を継続していくことでよい関係性構築を心がけている。また、ＪＡＩＣシードキャピタル（アグリエコファンド）、福岡市創業者応援ファンドからの投資、日本政策金融公庫の資本制ローンの活用、エンジェル投資家からの出資という風に資金調達に多様性を持たせ、設備資金や新規事業への投資資金として活用させて頂いている。

しかし課題は尽きない。直営小売店舗事業のさらなる多店舗展開に向けたオペレーションの構築、店長マニュアルの策定、コンサルティング事業の案件対応人数・件数を増やすためのコンサルティングノウハウの抽出と体系化、営業事務パートの時間短縮、女性管理職モデルの確立に現在取り組み中である。とにかく、全社的に利益率を向上させていかないといけないと思っている。農業だから、青果物流通だから儲からない、利益が薄い、スピードが出ないという言い訳はしたくない。計画通り、上場というアドバルーンを揚げて、いい人材を集め、資金を呼び込み、全国に、アジアに、今九州で展開しているこの三位一体のビジネスモデルを展開したい。

ナチュラルＩＰＯ志向

ちょっと中規模流通からは話がそれるが、なぜ上場したいのかという話をしたい。メリット・デメリット、損・得を考えて、上場の是非を問う議論はたくさんあるが、私は「ナチュラルＩＰＯ志向」だ。ＩＰＯとは、Initial Public Offering の略で「新規公開」という意味である。会社を作ったときから、ずっと上場をめざしてきた。

そもそも一般的に思われているほど、上場するというのはいいことばかりではない。オーナー社長の発言や存在は希薄化されるし、証券取引所や監査法人等に支払う上場維持コストの発生、企業内容の開示義務にともなった事務負担・管理コストの増大、買収リスクの増大など、デメリットも少なくない。

会社を作ったときから自然とＩＰＯをめざしてきたとはいっても、いろいろ考えた。メリット・デメリットを天秤にかけてどうか、マーケットの環境としてどうか。そしてやはり上場をめざすという考えは変わらなかったということと、次の三点が上場をめざす理由として定まった。

一つめは、事業として小さくまとまりたくないということだ。私利私欲で事業をやっているわけではないし、別に格好いい車に乗りたいとか、中洲（博多の繁華街）に毎日繰り出したいとか思っているわけではない（たまには接待で行くこともあるが）。ただ、時代の流れのなかでスモールビジネスとか、コミュニティビジネスとかいった形で、小さく落ち着いてしまいたくないという思いがある。新しい業界、新しいやり方を世に問うのであれば、先頭を走ろうとする会社であればなおさらのことだが、上場をめざして社会の注目を浴び、投資やいい人材を引き込むことが使命だと思う。アドバルーンとして、上場が必要だ。

二つめは、上場する過程において普通の会社になりたいという思いだ。全身全霊をかけてすべての時間を事業にささげる。ビジネスモデルを体系化しながら、売り上げを作り、組織を整備していき、会社を存続・発展させる。そういう時期はベンチャーだからこそあるものだが、それを何年も続けることはできない。また、入社する人すべてにそのような働き方を求め続けることもできない。いい仕事をするために健全な組織を作り、守るべきものは守ったうえで価値を提供する。成長を続け、利益を還元しながら、価値を提供する。上場することで、そういう〝普通の会社〟になれるのだと思う。

三つめは、前述の地元、九州・福岡の新興市場にまず上場したいということ。それは福岡証券取引所のＱボードだ。このＱボードは地域に密着した事業を展開している企業が多いこと、上場廃止になった企業がないこと、毎年着実に成長を続けている企業ばかりであることから、売買高こそ少ないが、魅力ある新興マーケットである。それに、クロスエイジはこれまでずいぶん福岡市、福岡県、九州経済産業局等の地元自治体、行政機関にお世話になってきた。また、地元の経済界、先輩経営者、エンジェル投資家（創業間もない企業に投資する個人投資家）に支えられてきた。そういった地域への恩返しという思いもある。地域で躍動する企業が集まり、日本や世界の投資家から注目を集めるマーケットにＱ

ボードがなり、その一角を担えれば最高だ。

クロスエイジは上場する、というよりも、上場するまで淡々とがんばってやっていく。Qボードに上場したら、その次のステップをめざす。何事も止めたらそこで結果が決まってしまうが、上場するまで続ける限り、苦悩や挫折は一つのプロセスにすぎない。勝つまで続ければ負けはない。だからクロスエイジは上場するまで、歩みをやめない。

4　時系列でみるクロスエイジの歩み

創業の頃（生業時代）

会社には生業《なりわい》→家業→企業という段階があると思っている。生業は、なんでも自分でやる段階、まずは自分一人食べるためにどうするかというものだ。クロスエイジではこの期間が三年間ある。途中、事務パートは一人採用したが、基本的に三年間は一人だった。

①　第一期

もともとは、農業分野にＩＳＯ２２０００（食品安全マネジメントシステム）の導入や

ＩＴ化支援を行う、今後大量に輩出される企業ＯＢに一次産業分野で一肌脱いでもらう、青果市場や農業生産法人を対象にする、といったビジネスアイディアをもとに「食ビジネスのインフラ整備事業」として事業計画を作成し、コンサルティング事業からスタートさせた。初年度（二〇〇五年三月〜翌年二月）の売り上げは一〇〇万円と少し。社長の名刺を持ちながらも役員報酬は月額二〇万円、九州内を動き回った諸経費や企業ＯＢへの業務委託費用等の経費を差し引いて、最終で六五〇万円程の赤字というのがクロスエイジの一期目だった。

会社がつぶれないですんだのは資本金が一〇〇〇万円あったからで、資本金も当初、学生時代のアルバイト代、親からの仕送り、奨学金のなかから貯めた三〇〇万円であった。しかし三月一四日に会社を立ち上げて、夏にはなくなっていた。はじめは、三〇〇万円で何もできなければ考えが甘かったということで、就職するなり、どこかで修業すればいいと考えていたが、あまりに何もできなかったので増資を行った。高校時代の友人、入居したビルのオーナー、義父、叔父、親から七〇〇万円を集め、三〇〇万円の資本金を一〇〇〇万円とした。八月のことである。

大赤字ではあったが、一年間現場を歩いてわかったことは次のことだ。

「著名な農業法人であっても、収益性は必ずしも高くない。したがって、ニーズがあっても農家からはコンサルティングサービスに対するフィー（報酬）をもらえない」。

「現場の農家は経営基盤の強化よりも、良質な販路の拡大を望んでいる」。

② 第二期

二期目（二〇〇六年三月～翌年二月）からは、コンサルティングの対象を産地にある青果市場とし、青果市場を経営している青果卸（民間の株式会社）からフィーをもらいながら、青果市場に集まってくる農産物を既存の買受人（八百屋、スーパーや仲卸業者）以外に販売するための企画やコンサルティングを実施していった。弊社のコンサルティングサービスのスタンスとして「農家からお金をもらわない」ということがあるが、この当時からそのようにしていた。会社を立ち上げて、ちょうど一年後の二〇〇六年三月一四日、福岡県うきは市の浮羽青果地方卸売市場を運営する浮羽青果株式会社の山崎一親社長（当時）から「ホームページを見た、何かおもしろいことを一緒にできないか」という連絡があった。これが最初のクライアントであり、浮羽青果とは現在（二〇一四年九月末時点）でもお付き合いが続いている。

図７　岐路に立つ青果卸売市場

また、二期目には農家から農産物を仕入れて販売し、その差益を収益とする産直卸の事業を開始した。「農家の販売代行」というスタンスだ。国民生活金融公庫（当時）より、新規事業資金として五〇〇万円を調達した。金融機関からお金を借りたのははじめてだった。よりよい流通を形作っていくという思いを込め、「流通開発事業」とした。当初の取り扱い品目は一期目に出会った九州の農業生産法人の農産物だった。販売先は消費地にある青果市場で、決済機能、物流機能、営業機能を有している市場と連携することが得策であると考えた。

電話でアポをとり、最初に商談をさせて頂いたのは福岡県飯塚市にある飯塚市地方卸売市場を運営する新筑豊青果株式会社であった。今でも覚えているが、最初に持参した商品は宮崎県産ゴボウ・サトイモ（有限会社新福青果）、熊本県産サツマイモ（有限会社コウヤマ）、ミディトマト（有限会社奥松農園）、ベビーリーフ（株式会社果実堂）であった。「もっとピシャッとしたものを持ってこな」「市場に出荷されている農産物と何が違うの」「おやつ芋くらいかな（サツマイモの小さいサイズ、要するに安い）」という反応であった。

その後、佐賀の市場や久留米の市場にも営業し、朝のセリの時間に商品を並べて市場に集まる買受人に商品を案内させてもらったが、トマトやベビーリーフを見た人から「パッケージ屋さん？」と聞かれたのを今でも覚えている。

その後取引がつながっても、アスパラガスをいきなり欠品したり、冷蔵不十分で洗い里芋が発酵して袋が膨らんでいたり、年末に相場が高いときだけ水菜の注文が大量にきたり、とにかく悪戦苦闘が続いた。

二期目が終了して売り上げは八五〇万円程度。赤字は解消し、トントンになった。わかったことは次の通りである。

「農家のためと思って農家の販売代行に取り組んでも、食えない、儲からない」。

「販路開拓や実業に取り組むことはコンサルタント事業をやるうえでプラス」。

③　第三期

三期目（二〇〇七年三月〜翌年二月）、流通開発事業のスタンスを農家の販売代行から〝こだわり農産物の仕入れ代行〟サービスへとシフトした。転機となったのは、「生産者直売のれん会」という会社から声がかかり、「メーカー連合によるこだわり食品の小売店舗展開を行っていくので、その店舗に農産物を投入したい。ついては九州の農産物の仕入れをクロスエイジに任せたい」というオファーがあったからだ。ちなみにこの原稿を書いていた当時、「カンブリア宮殿」（テレビ東京）で同社の特集があったが、そのときはまだ株式会社ベンチャーリンクの子会社としてスタートしたばかりの会社であった。

欲しい商品、欲しい時期、欲しい価格（店舗で売れる価格、そのための納品価格）などの情報が弊社に集約され、そこから農家との調整や、必要であれば新たな農家の発掘を行っていった。宮崎県にある有限会社「緑の里りょうくん」が作る「みつばちみかん」は数多くあるのれん会登録商品のなかでも販売実績一位（当時の営業担当者談）になるほど大ヒット商品となった。

このような実績をふまえ、数万件の顧客を持つ通販会社、スーパーのＰＢ商品を手がける流通業者や仲卸と契約を行っていき、取引先のニーズにあった商品の仕入れを行っていった。農家の開拓で功を奏したのが、当時で年間二〇回ほど行っていた講演やセミナーである。若い、ベンチャー起業、販路開拓、九州で展開等々、いろいろな経緯で呼んで頂いていたが、そういった会場で意欲的な農家と出会うことが多かった。通常の流通業者にはない農家開拓の方法であったように思う。

営業事務パートと私一人の会社であったが、第三期の売り上げは四〇〇〇万円を超え、最終利益も三七〇万円ほどのプラスとなった。そして次のことを学んだ。

「販売代行ではなく、必要なのは仕入れ代行というスタンス」。

「講演・セミナーで良質な農家の開拓につながる」。

人の採用を始めた頃（家業時代）

会社には「戦略」と「戦術」と「戦闘」の三つの要素がある。創業期というのは、この三つのすべてを創業者＝オーナー＝社長がやっている（やらざるをえない）状態だ。やがてスタッフが増えてくると、「戦略」「戦術」の部分と「戦闘」の部分が分かれてくる。四期め以降本格的に人の採用を始め、三年間で新規に正社員・パートを含め二六名の採用を行った。ほぼ生業に近かった創業期とはまた違った、チームで事業活動にあたる家業の段階へステージが変化した。

①　第四期

第四期（二〇〇八年三月〜翌年二月）に、三位一体の事業モデルの骨格が完成する。小売事業である「農家〝直〟野菜『時や』」のスタートだ。流通開発事業の拡大とともに思っていたのが、「自分の手で消費者に直接売りたい」ということだった。自分たちが売っている商品のアンテナショップ的なお店を持ち、消費者の声をじかに聞き、それを取引先のバイヤーへの提案やコンサル活動に活かしていきたいと考えた。

需給調整機能も求めた。農産物は在庫がきかないので一時的に売り先のないもの、返品で戻ってきたもの、取引先の規格にはまらなかったものなどを売れる直営店舗があれば、産地との関係性をより良好なものにできると考えた。また、講演やセミナーで出会った各地の農産物や加工品をまずは直営店で並べてみて、消費者の反応を見て、それから商品化の方向性を考えたり、流通開発事業で取り扱うかを判断したりしたかった。

一号店は福岡市中央区高宮という所で、西鉄天神・大牟田線の高宮駅前に八月三一日（野菜の日）にオープンした。一日二〇万円くらい売れるだろうと、社員二名、パート四名の体制でスタートした。初日は大行列ができ、二〇名ほど店内にお客様を入れたら、買い物が終わるまで次のお客様には待機してもらい、また二〇名ほど入れての繰り返しであった。レジも一台しかなかったので、途中からざるの中にお金を放り込んで対応した。稚拙なオペレーションで満足いく商品構成ではなかったが、売り上げは約五〇万円になった。テレビ取材も入り、順調なスタートであった。

ただ、初月から大赤字で、年内までずっと赤字であった。売り上げは初日の一〇分の一の五万円程度まで落ち込んだ。パートのうち一人は数日後に無断で来なくなり、一人はレジの現金横領等が発覚し、警察に引き渡した。その行動を発生させてしまった店舗の管理体制にも問題があった。そして、オープンから四カ月後の年末には店長が辞めていった。小売事業を展開していくためには、クロスエイジがそれまでに培ってきた農産物流通におけるマーケティングの知識・ノウハウとは別に「立地戦略」と「店舗オペレーション」の二つのノウハウが必要だ。理論も実践も、当時はまったく足りないなかでのスタートであり、経営者である私の無知が招いた結果だった。

② 「にっぽんe物産市プロジェクト」への参加

とにもかくにも、三位一体のビジネスモデルが確立したわけだが、ちょうどタイミングのいい時期に「にっぽんe物産市プロジェクト（地域商社的機能の検証）」という事業の公募が始まった。九州経済産業局産業部中小企業課の松田一也課長（当時）や産業課平川伸子係長（当時）から「藤野さんの取り組んでいることにまさにぴったりの事業があるんだけども、応募してみてはどうですか」というお声がけを頂いた。事業の概要は次の通りであった。

「元気な地域商社、三〇社を募集します!!」（事業概要）

1　地域商社の条件

全国に知らせたい、売りたい地域産品を、よく知っていること。
プロのバイヤーに、その良さをわかってもらう自信があること。
ネット／ブログなどを通じて、その良さを発信する気力にあふれていること。
ビジネスをしっかりとできるようになるため、プロの指導を受ける気があること。

2　事業の概要

本委託事業は、中堅スーパーの業界団体である社団法人日本セルフ・サービス協会が国からの委託を受け、中心となって運営します。

受託した地域商社に対して、求めることは三つあります。

＊　地域産品（商品）を発掘・出品すること

＊　消費者向け購入ボタン付きのブログを通じた情報発信をすること

＊　プロのビジネスレベルでマーケティング・販路開拓を行えるよう、研修を受けること

日本セルフ・サービス協会の側では、以下の準備をします。

優れた商品については、加盟店舗その他で取り扱われます。また、事業期間中に、加盟店の一部に設置された良品工房の販売コーナーでモニタリング調査付きの実売をします。

地域産品について、ブログを通じた情報発信や、消費者向けのネット直販をサポートするシステムを用意します。

提案された商品について話題を盛り上げる消費者側からのブログ発信も用意します。

ネットで話題を盛り上げながら、地域産品を、地元以外の実際の店舗でも取り扱って貰う、継続可能なビジネスモデル作りをめざします。

３　応募資格

個人企業から大企業まで、公益法人から収益企業まで、若者から高齢者まで、生産者から流通業者、広告業者などまで、形式要件は問いません。

ただし、複数の商品の流通をきちんと取り扱い、国の受託事業として問題のないように事業管理・資金管理できる事業管理能力は必要です。

売りたい地域産品の生産者を説得して市場に出品して貰うのは、地域商社の仕事です。そこに自信があることが必要です。

実際には、売りたい地域産品の発掘能力、価格付けを含めたビジネスモデル構築能力、その良さをアピールする情報発信力、交渉力など複数の能力が必要です。ただし、一社でこれらすべてを行う必要はなく、チームでの応募も歓迎します。

４　選考方法

書類選考の上、必要に応じ面接審査を行います。

これまでの実績よりも、やる気と熱意を重視した審査としたいと思います。

ただし、公募・競争ですので、取り扱う予定の商品の質・量や、事業管理能力の優劣などは、当然、加点評価要素にはなります。

5　問い合わせ先

経済産業省商務情報政策局情報政策課

社団法人日本セルフ・サービス協会　日本e物産市プロジェクト事務局

内容を読み終えたときに「これってまさにうちの会社のためにあるような事業じゃないか」と思った。しかも、会社を立ち上げて四年目という一番いい時期である。一〇一社の応募のなかから無事採択され、事業に臨んだ。

まず、東京での集合研修がよかった。クロスエイジをはじめ各地域から集められた地域商社に対して、スキルアップのための研修が二泊三日の全六回にわたって実施された。講師の顔ぶれが豪華で、株式会社大地を守る会の藤田和芳代表取締役、ハウス食品株式会社お客様生活研究センターの高垣敏郎所長、株式会社東武百貨店の佐藤治夫取締役、ジュピターショップチャネル株式会社の篠原淳史社長、オイシックス株式会社の高島宏平社長、久米繊維工業株式会社の久米博康社長など、後にも先にも人材育成事業関係でここまで充実した研修はないのではないかと思う。

それから、スーパーマーケット・トレードショーという、日本国内で最大規模の展示会

バイヤーとの商談

クロスエイジのブース

初めての展示会出展

図８　スーパーマーケット・トレードショー

に出展した。来場者数は三日間で七万八四七八人であり、通信販売や量販店のバイヤーをはじめ見込み客となる一一四名と名刺交換を行った。宅配スーパーのオレンジライフ（現在は阪急キッチンエール九州）との出会いはこの展示会のときであり、カタログに掲載されている生産者の顔が見える産直商材の供給をさせて頂いている。

　このような研修事業によるスキルアップ、展示会出展という形での販路開拓の方法の習得というのは、その後のクロスエイジの事業展開のなかで非常に役に立っている。通常ならセミナー受講料がかかり、出張旅費がかかり、展示会出展費用がかかりといったところだが、お金はすべて国が持ってくれた。農業をはじめとする一次産業は補助金頼りで、私自身は「補助事業＝悪」というイメージで事業を開始したが、この「にっぽんe物産市プロジェクト」を契機に、国の大きな方向性と事業の方向性が一致しているのであれば、補助事業や委託事業をうまく活用しながら、事業に収益性とスピード感を持たせるのは大事なことだと思うようになった。実際に「にっぽんe物産市プロジェクト」で、クロスエイジが委託費として国から得た金額は八八六万三〇一九円であり、このお金が今日のクロスエイジにとってどれほど価値があったか、計り知れない。ただただ感謝である。

③「福岡市ステップアップ助成事業」

ちなみに第四期はもう一つ、公的なお金を頂いている。「福岡市ステップアップ助成事業」というビジネスプランコンテストがあり、「こだわり農産物の仕入れ代行事業」というプラン名で応募し、最優秀賞を頂いた。

「九州一円の一〇〇を超す農業生産者・団体とネットワークを持ち、〝ストーリーのある野菜〟などこだわり農産物をスーパーや通販会社などへ仕入れる、仕入れ代行サービスを事業化。体系的な仕入れや商品提案を行い、『産地と売り場のつなぎ手』の役割を担っている」というのがプランの概要で、賞金一〇〇万円を頂いた。

賞金を頂けたことの喜びもさることながら、流通開発事業において、今後関西や関東への販売展開を積極化させていこうというタイミングだったので、ステップアップ助成事業最優秀賞受賞ということは絶好のＰＲのネタになると思った。また、これまでお世話になった方々が授賞式に大勢見えられていたので、受賞企業のプレゼンの際には目頭が熱くなった。もともとは奈良県出身の台湾育ちであるが、起業した場所が九州、福岡で本当によかったと思った瞬間だった。

四期が終わり、売り上げは八〇〇〇万円を超えた。生業から家業へとステージが変化した一年であり、いろいろと変化のあった年であったが、学んだことは以下の通りである。

「補助事業、委託事業等の活用で事業に収益性とスピード感が生まれる」。

④　第五期

第五期（二〇〇九年三月～翌年二月）には、「原価提示型販売」と「企業の農業参入」の二つのテーマにコンサルティング事業で取り組んだ。結果として、農業経営に対する理解が深まった。コンサルティング事業のいいところは、こちらもその業務体験を通じて知識レベルがアップしていくということにある。だから、新しいテーマにチャレンジするときにはコンサルティング案件の一環として取り組むことを意識的に行っている。

まず、原価提示型販売であるが、熊本にある地方卸売市場の中九州青果株式会社の平島社長から弊社事務所に問い合わせがあったのがスタートだ。内容は「農畜産業振興機構が原価提示型販売・取引手法導入実証事業の公募を行っている。予算が一〇〇〇万円つく。ついては申請書類の作成と、事業採択後のコンサルティングを頼みたい。クロスエイジのことは新聞を見て知っていた、東京のコンサルタント会社に頼むより、九州の会社の方がよい」というものだった。つまり「産地が契約取引を行うにあたって再生産価格（事業として継続可能な価格）を確保するため、生産・流通コストを分析し、取引価格の設定を行ってください。その取り組みに対して支援を行いますよ」ということだ。そこで、中九州青果とともに「菜味夏《なみか》」という新野菜の商品化と、「レンジde金時」というサツマイモの商品化に取り組んだ。量販店向けに店頭売価九八円と一九八円という設定で産地の手取りを算出し、菜味夏は一五〇グラム、レンジde金時は四〇〇グラムの内容量とし、生産者も再生産価格が確保でき、消費者にとっても値ごろ感のある商品とすることができた。

クロスエイジは「消費者目線を持った農家の味方」というスタンスであるが、やはり消費者がいくらなら買うか、値ごろ感を感じるか、という視点は非常に大事だと思う。一方で、それでは安く買い叩いて消費者が喜べばいいかというと、今度は会社の経営理念である農業の産業化には反する。だから、この生産コスト・流通コストの分析という作業は商品化のプロセスのなかでも重要な位置づけを占めるが、その考え方の元となったコンサルタント案件であった。

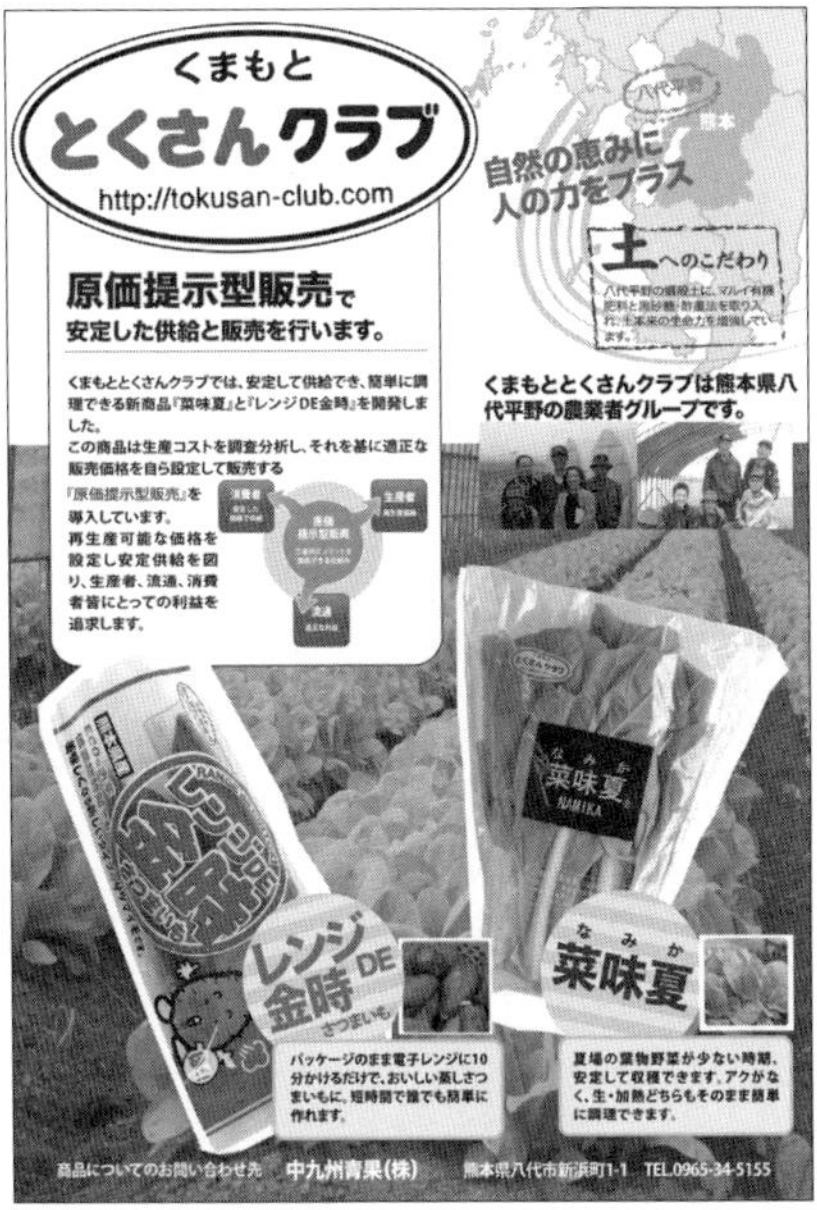

図９　原価提示型販売の取り組み（中九州青果）

さらに、この生産・流通コスト分析を生産者ごとにすることで、それぞれの経営の比較分析を行い、あるべき姿とのギャップを改善していくための課題設定、解決策の立案を行っていったのが「太郎グループ」との取り組みだ。太郎グループは当時、一一軒の農家の集合体であり、販売は株式会社太郎を通じて一元的に行っていた。太郎シリーズとして、ネギ太郎、小松菜太郎、水菜太郎を主に栽培していた。

新たな商品化というよりも、経営レベルの底上げのために生産コストの要因調査・分析を行った。具体的には、①坪当たりの振り込み金額（売り上げから集・出荷経費を差し引かれたもの）、②人件費（代表者、役員等は除く）、③減価償却費、④その他経費を経営体ごとに算出し、①－（②＋③＋④）の値で経営体ごとの収益性や課題を見ていった。販売は販売会社を介して一元的に行っているので、同じ出荷ロットであれば単価は同じである。収益に差が出る大きな要因の一つは、単収（単位面積あたりの収穫量）の違いである。ようするに、失敗せずにき

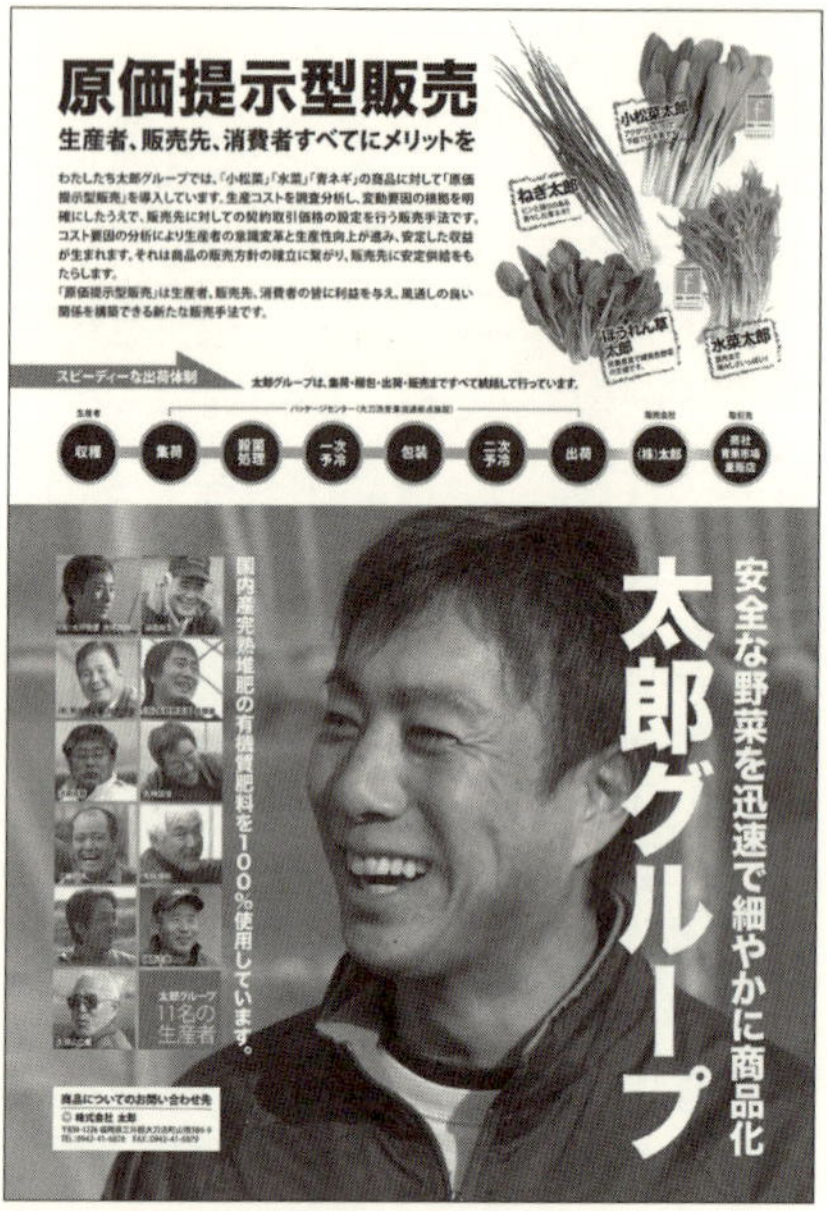

図10　原価提示型販売の取り組み（太郎グループ）

ちんと栽培できたか、病気になったり、虫にやられたり、水につかったりすると収穫ができなくなり、単収は低くなる。また、販売は一元的に行い、同一出荷ロットの単価は同じでも年間の平均単価には差が出てくる。これは作りにくい時期（単価が高い）にどれだけ出荷できたか、中心規格（A品でMサイズなど）に割合をどれだけ高められたかによって違ってくる。

経費に関しては、差が出るのは人の使い方である人件費の部分と、機械や設備への投資である減価償却費の部分である。一軒一軒の農家を回りながら、青色申告書や決算書、集・出荷場での出荷データなどを見せてもらいながら一一経営体の①～④の数字を整理していき、比較分析を行い、経営体毎の問題点、課題設定、解決策の検討を行った。農家訪問には普及センターの普及指導員にも同行してもらい、ヒアリングやアドバイスを行った。クロスエイジのスタッフには農家を見るときにものさしがある。それは、以下の農業経営の方程式であるが、これはコンサルタント案件の体験をベースにしてできたものである。

① 収量×単価×面積×リスク＝売り上げ。

② 固定費（役員報酬や事務所管理費、減価償却費等）＋変動費（作業員の人件費、農

薬・資材費等）＋リスク＝コスト。

③　売り上げ－コスト＝利益。

第五期は「企業の農業参入」というテーマでもコンサルティング活動を行った。ＪＲ九州が農業に参入するにあたり、弊社との顧問契約を締結して頂いた。二〇一三年一二月末日現在、大分県においてニラ、サツマイモ、甘夏、福岡県において養鶏（卵）、熊本県においてトマト、柑橘、宮崎県においてピーマン、と生産品目を拡大し続けている同社であるが、品目選定や販売活動に際して、中規模流通の考え方を一部に取り入れて頂いている。

企業の農業参入には以下の五つの視点が必要だと弊社では考えているが、それはこういった企業との農業参入に対する議論から生まれたものである。

①　売り上げ一億円を達成できるか。
②　経営資源を有効活用できるか。
③　地元から歓迎されるか。
④　一般農家にない武器（一般農家にできないこと）があるか。

⑤　生産ノウハウを整備できるか。

五期が終わり、ようやく売り上げが一億円を超え、約一億六〇〇〇万円となった。農業コンサルタントの会社としての認知が高まってきたのを感じた一年であり、講演・セミナーの回数は年間三〇回を超え、講演による収入だけでも三〇〇万円近くになった。学んだことは以下の通りである。


「生産・流通コスト分析で消費者目線を持った農家の味方というスタンスの確立」。

「農家を見るものさしとなる農業経営の方程式を理解」。

「企業の農業参入のポイント」。

⑤　第六期

第六期（二〇一〇年三月～翌年二月）は地域間中規模流通協議会（通称：豪族ネットト）を設立する。これは、各地域で生産者と消費者の架け橋になって事業を展開する企業同士のネットワークだ。地方のお頭どもの集まりということで豪族ネットという呼び名もあるが、コンサバティブな場ではやや恥ずかしいので正式名称は「地域間中規模流通協議会」

としている。背景としては、第四期に取り組んだ「にっぽんe物産市プロジェクト」で奇跡のご縁を頂いた全国の地域商社のネットワーク、そして前年の第五期にスーパーの業界団体である社団法人日本セルフサービス協会から委託を受けた全国の地域商社、地域プロデューサーのデータベース作りの事業で培ったネットワークがある。そういった国の予算がおおもとにあった事業によってできた出会いをその後も継続性のあるものとすべく、有限会社漂流岡山（岡山県）の阿部憲三社長を会長、私が事務局長となり立ち上げたのである。

ネットワークを作った目的は二つで、一つはお互いの生産者や商品の情報と販売先の情報を共有することで相互物流を生み出すということだ。クロスエイジでは、九州に限らず、全国の生産者と中規模流通に取り組んでいる。そのなかには直接取引しているところもあれば、協議会のメンバーを通じて取引しているところもある。

二つめの目的は各事業者が持っているノウハウをお互い移転しあうことで、それぞれの地域で築いてきたポジションをより盤石なものにするということだ。たくさん学んだし、たくさん教えた。みんな出し惜しみしない、そういう仲間だ。今はまだそれぞれが数億円規模の会社だ。明日なくなったとしても、たぶん農業界はそんなに困らない。でも、こだわり農産物の流通で、消費者目線を持った農家の味方というスタンスの流通で一〇〇億円

図11　地域間交流の仲間たち（漂流岡山，マイティー千葉重）

規模になれば、そんなグループが世の中から消えたら農業界や消費者はちょっと困るんじゃないかなと思う。根拠はないが、とりあえず一〇〇億円という規模感をめざしたいと思っている。その金額は世の中に必要とされていることの一つの証でもあると思う。

第六期、売り上げは二億円を超えた。にっぽんe物産市プロジェクトをきっかけにできた全国の仲間との絆を再確認し、より強固なものとした一年であった。第六期の学びは次の通りである。

「地域間連携によるノウハウ移転と相互物流」。

「農家〝直〟野菜『時や』」の立ち上げを

きっかけに四期から六期までの三年間で新規に二六名のスタッフを採用し、創業者だけでなく、社員やパートスタッフが事業に加わった三年間だった。この期間に採用、そしてその後も在籍を続けている松永寿朗（現在、営業部営業課課長）、中村善之介（現在、営業部営業課主任）はまさに苦楽をともにした創業メンバーである。彼らの人生が充実したものになるように心からエールを贈り続けたい。

会社組織に（企業時代）

七期以降は企業の「戦略」と「戦術」と「戦闘」がそれぞれ分かれ、委譲すべき権限は委譲するというステージに入っていった。一期から三期の生業の段階、四期から六期の家業の段階を経て、ようやく会社組織というものができ、クロスエイジは企業の段階に突入した。

① 第七期

第七期（二〇一一年三月～翌年二月）は五期から六期にかけて横ばいの状態が続いていた流通開発事業（産直の卸売事業）のてこ入れを行った。営業戦略会議の運用スタートである。まず運用スタートの前準備として、論理的思考力に関する研修を行った。論理的思考力は、スポーツでいうところの足が速いとか、腕が太くて力があるといった部分的な能力ではなく、よりよいパフォーマンスを発揮するための根源となる能力である。そして、筋トレと一緒で鍛えれば強化される。これを営業担当者に対して行った。

次いで、営業の実績を正確に把握するために、月次決算の精度と効率の向上に取り組んだ。財務会計をきちんと行い、必要な営業管理のデータをいつでも抽出できる状態にした。この前準備をふまえたうえでの以下の八ステップからなる営業戦略会議の運用を行った。

①目標となる「予算の設定」、②担当する「顧客の想定」、③「打つ手」を網羅的に検討、④打つ手の「具体化」、⑤「納品計画書」の作成、⑥営業戦略会議で「過去と現状の報告」「今後三カ月の実績推測の報告」、⑦上司や社長の「総括・アドバイス」、⑧会議後のアクションの「スケジュール化」。

七期は震災の影響もあり売り上げの横ばいが続いたが、この取り組みによって八期の売り上げが前年の九七〇〇万円から一億九九〇〇万円に倍増した。いかに構造的に売り上げを上げるかを突き詰めた結果である。特筆すべきは、現有勢力だけでこの結果に到達できたのではなく、外部の有能なアドバイザーがいたことである。理論と実践を我々以上にできる人間はそういないであろうという自負があったが、世の中にはいるものである。外部の力をうまく活用することも会社の発展のためには大いに必要であることを学んだ。
　また、七期には書籍を出版することができた。同文館出版という出版社より執筆のオファーを頂き、約二年間原稿を社長業の合間に書き続け、出版するに至った。タイトルは先に少し触れたが、『本気で稼ぐ！　これからの農業ビジネス』で副題が「農業所得一〇〇〇万円を作りだす『中規模流通』という仕組み」である。もともとは一〇〇項目で『図解！　農業入門』といった風な書籍を期待されていたのだが、どうしても一般論ではなくて、私なりの思いや取り組んできたことが前面に出た一冊になってしまった。内容や締め切りといった点でいろいろと出版社に迷惑をおかけしたと思っている。ただ、出版してみての反応はすこぶるよく、誰が書いてくださったのかよくわからないが、インターネット書籍販売のアマゾンのカスタマーレビュー（書評）で次のように記載して頂いている。

　農業コンサルタントという、なかなか耳慣れない肩書きを持つ若きベンチャーコンサルタントのチャレンジングな著書です。地域のリーダー的生産者の方が、具体的事例集として、新規農業参入を図る個人の方が、めざす長期目標として、異業種から参入する企業の方が、農業への翻訳書として、読まれると面白いのではないかと思いました。

「中規模流通」という販路開拓を提示し、生産から販売までを担う産業としての農業経営のあり方を提示しています。新しい考えというわけではありませんが、実践に基づいた具体例に触れている点が希少だと思います。

「原価提示型販売」ははじめて知りました。私にはそれっていいの!?という認識ですが、著者は成功事例をもって紹介しています。全般的に、わかりやすい表現がされており、意欲溢れる内容になっています。長年、農業をされている方は、何を甘っちょろいことをと思われるかもしれませんが、筆者は冒頭で自身を発展途上と前置きする姿勢を持ちつつも、こういう積極的な活動を「実践」している点が説得力を持ちます。大変共感しました。

二〇一三年一二月末現在で増刷を重ね、四刷目となっている。事務所に「お宅の社長は何者なんや、おれが長年かかって理解してきたことを、なんでその歳でわかるんや」という、長年産直販売を続けてきた柿農家から電話がかかってきたこともある。書籍を通じて新たな出会いの機会に恵まれたことや、これまで応援して頂いた方々へ何か恩返しができたような気がするのがうれしい。

第七期に新たにコンサルティングの事業として取り組んだテーマに「背広を着た農業実践塾の開催」と「畜産物の商品化」がある。「背広を着た農業実践塾」はクロスエイジが今では毎年主催している勉強会兼情報交換会の名称だ。もともと第七期に中小企業団体中央会が農商工連携人材育成事業を実施する研修期間に五〇〇〇万円の予算を付けるという話があった。クロスエイジにも研修実施機関として声がかかり、採択を受け、研修を実施したのがスタートだ。その後も経済産業省の流通システム強化事業の一環として、また福岡県農林水産部の地産地消需要拡大推進事業の一環として、その時々に使える委託事業や補助事業の中から財源を捻出し、会場を確保して講師を招いて実施している。生産する部分だけを農業ととらえるのではなく、消費者の口に入るところまでを農業ととらえ、生産から販売までを手がけようとする農家や、そのプロセスで農業に関わりのある資材業者、加工メーカー、調査会社、公務員なども塾生の対象としている。展示会や、取引先や知り合いからの紹介、会社への問い合わせなどでご縁のあった方たちをお誘いし、お互いの活動の理解を深める場としている。また、クロスエイジを基点とした参加者同士による業界のネットワーク作りの場としても活かしてもらっている。講師陣は地域間中規模流通協議会のメンバーが中心なので、さまざまな事業の実践者による現場の話が聞けて好評だ。地元

図12　背広を着た農業実践塾1期生

のネットワーク拡大のためにも毎年続けていく、クロスエイジにとって唯一の自社主催セミナーだ。

　新しいテーマはコンサルタント案件化して取り組むという話を先にもしたが、七期では畜産物の商品化に取り組んだ。具体的にはハム・ソーセージと鶏卵だ。きっかけはＪＡ北九州くみあい飼料株式会社で当時常務であった方が、たまたま私が日本政策金融公庫の熊本支店で中規模流通に関する講演を行っているのを聞いて頂いており、「野菜・果物で出来るんなら、ぜひ豚と鶏でもやってくれないか、養豚や養鶏農家が成り立たないと餌も売れないからさ」という話を頂いた。まずは、商品化や販売についての勉強会からスタートし、実際に「はかた美豚」や「宗像スペシャル（卵）」といった形で商品化を図っていった。その後も、地域のブランド牛や陸上養殖の魚などの商品化や販路開拓に取り組んでいるが、新しいテーマはだいたい社長の私が担当している。いろいろな経験を触媒にした仮説力が求められるからということもあって担当しているが、単純に新しいテーマに取り組むのは、私にとっておもしろい仕事なのである。

第七期は、創業以来はじめて売り上げが減少した。この年は東北の震災があった年だ。二月末が弊社の決算だったが、第七期がスタートした直後の三月一一日にあの震災は起こった。ちょうど東京で地域間中規模流通協議会の会議を行った翌日で、卸の販売先との商談を終え、馬喰町の駅から品川駅に着いたときに地震が起こった。物流が麻痺したことによる出荷の不具合、火を使わないことによる青果の買い控え、公的案件の予算が復興予算に回っていったことなど、弊社事業にとってはいくつかの向かい風があった。結果として、前期到達した二億円の大台を割り、一億八〇〇〇万円にとどまった。学んだことは次の通りである。

「営業戦略会議の運用によって構造的に売り上げを上げる」。
「書籍の出版による中規模流通というコンセプトの広がり」。
「『背広を着た農業実践塾』の開催による地場ネットワークの拡大・強化」。

「養鶏業、養豚業を取り巻く環境を理解する」。

② 第八期

第八期（二〇一二年三月〜翌年二月）に着手したのは、農産物の「供給・販売企画の設計」のためのマニュアル作りだ。クロスエイジの商品化のプロセスには四つのフェーズ（段階）と一三のステップがあり、三つのフォーマットを活用する。

まず、第一のフェーズは、コンセプトの策定である。販売するために何が一番大事かといわれれば、「コンセプトが大事」と私は答える。コンセプトとは全体を通じて物事や取り組みに共通する考え方、概念のことだ。商品のコンセプトを考えること、それが商品化や販売を行っていくためのスタートだ。ただ、商品のコンセプトといっても漠然としすぎているので、クロスエイジではコンセプトの定義を「商品の三つの特徴」とそれをふまえた「ネーミング」としている。これを考えるのが第一フェーズだ。それには次の六つのステップがある。

第一フェーズ

①よき農家との出会い、②コンセプトの素の発見、③商品をとりまく環境の分析と市場機会の発見、④セグメンテーションとターゲティング、⑤ポジショニング、⑥商品コンセプトの完成。

詳細の解説はここでは控えるが、上記をふまえたうえで、商品コンセプトを完成させていく。そして、マーケティング調査フォーマットという、フォーマットを利用している。次いで第二のフェーズは、生産・流通コスト分析である。原価提示型販売に取り組んだ経験から、農家の生産コストの把握、そして物流や流通加工、資材などの流通コストの把握の重要性を学んだ。それを商品化の一フェーズとして取り入れている。

第二フェーズ

⑦　生産・流通コスト分析。

具体的には生産・流通コスト分析のフォーマットを用い、生産者の希望手取り価格の妥当性の検証、類似商品の価格調査、コストの積み上げによる売価設定、値ごろ感と生産者の期待手取りの実現可能性の検証を行う。

そして第三のフェーズは供給・販売企画の策定である。マーケティング調査、生産・流通コスト分析を経て、最終的には関係者やバイヤーの説明に使うためのビジュアルを交えた企画書の作成を行うのだ。次の六つのステップがある。

第三フェーズ

⑧全体ストーリーを考える、⑨コンセプトのまとめ、ビジュアル化、⑩ターゲットのまとめ、ビジュアル化、⑪プロセスの検討、ビジュアル化、⑫ツールの検討、作成（必要に応じて外注）、企画書への落とし込み、⑬流通規模拡大シナリオのまとめ、補足事項の追加。

ここでも詳細の説明は省くが、これで一連の商品化のプロセスは完了する。もちろん企画書のフォーマットもある。これにもう一つのフェーズが加わる。

第四フェーズ

⑭（最終）「仮説→実行→検証」。

要するに一〜三ステップある第一から第三までのフェーズを経たとしても、それは一つの仮説が誕生したにすぎない。本当に大事なのは実際に行動してみて、バイヤーや消費者の生の声、反応を聞き、新たな情報をもとに新たな仮説を立てていくことである。その「仮説→実行→検証」のサイクルをスピーディーに回すことが事業を成功させるために一番大事なことである。

以上がクロスエイジの商品化のプロセスであり、詳細を「供給・販売企画設計マニュアル」という形で体系化している。

農産物の「供給・販売企画の設計」においていい加減な仕事をしないこと、またそういったイメージをつねに農家や販売先に持ってもらうことがクロスエイジにとっての最重要事項である。第八期、この「供給・販売企画設計マニュアル」に着手した背景には三つある。

一つめの背景は、上場するための利益率の向上策として、オリジナル商材の商品化が必要だったからである。上場している会社は基本的に利益率の高い事業を行っている。そうでなければ、そもそも上場を維持するためのコストを捻出できないし、出資者にとっても魅力がない。農家の販売代行から始まったクロスエイジの事業だが、やがてこだわり農産物の仕入れ代行サービスへと進化した。ただ、それで売り上げは伸びたが、問題は低い利益率だった。御用聞きで駆けずり回って、高い利益率が達成されることはないのである。クロスエイジしか扱っていない、利益率の高いオリジナルの商材が必要だった。幸い、クロスエイジは農家の販売代行を通じて農家の気持ちがわかる、そして仕入れ代行を通じて販売先のニーズがわかる、「こういう物が欲しかったんですよね」という提案、商品化ができる下地はあった。

二つめの背景は、売り上げの拡大を図るには新規の商品化が不可欠だからである。事業を伸ばすためには新しい顧客を創造するか、新しい商品化を図るか、その二つしかない。顧客を作っていくプロセスは営業戦略会議の運用のなかに詰まっている。しかしながら、農産物の宿命であるが、無尽蔵にモノがあるわけではないので、どこかで提案するための出荷余力がなくなる。工場のように機械を入れて生産を拡大すればいいというものではない。人の問題もあり、農地を拡大するには時間を要する。そうなると次々に新しい商品化を図っていかないといけないので、そのプロセスを「見える化」し、組織としてノウハウを蓄積し、精度と効率を上げる必要があったのだ。

三つめの背景としてはコンサルティング業務の標準化のためである。食と農の企画・コンサルティング事業という事業名を掲げていたら、多種多様な業務を受託させて頂いた。

印刷会社からの依頼で量販店のチラシの企画提案をするための農産物価格や生産動向についての調査報告書の作成という業務であったり、物流不動産ファンドが九州の物流不動産（倉庫や物流センターなど）に投資するにあたり、青果物流通系の施設の投資可能性に関する報告書の作成を依頼されたり、企業の新規事業としての農業分野の実行可能性調査の報告書作成を依頼されたりといった具合だ。そういった業務をこなしていくためには経験や事例の蓄積が必要だ。経験や事例が触媒となって、問題点の本質を見極めたり、的確な課題設定ができたり、課題に対する解決の方向性の仮説を構築できたりする。

ただ、事業として、組織として取り組むにはある程度テーマを絞らないといけない。テーマを絞り、プロセスを標準化することで、コンサルティングのアウトプットにおいて一定レベルが担保される、そう思ったからこそ、中規模流通に対応するための商品化というテーマを中心に現在ではコンサルティング業務を受託し、アウトプットを出すまでのプロセスは「供給・販売企画の設計マニュアル」として標準化され、プロセスそのものも必要に応じて改善されている。

第八期は、二億七〇〇〇万円の売り上げとなり、第七期はもちろんのこと、第六期の実績も大きく上回った。学んだことは次の通りである。

「農産物の『供給・販売企画の設計』において、いい加減な仕事をしないことがクロスエイジの生きる道」。

③　第九期、第一〇期

さて、第九期（二〇一三年三月～八月）は決算期変更のため、六カ月間のみだった。二月決算だと、九州の農産物出荷シーズンのピーク時期であること、コンサルタント案件の年度末締め切りでばたばたしていることなどで、落ち着いて決算対応や次年度アクションプランの策定ができないため、変更に踏み切った。

第九期と第一〇期（二〇一三年九月～二〇一四年八月）に注力していたのは「地産地消（強い地場産）の推進」と「時やの新規店舗（三号店）出店」である。

なぜ地産地消なのかと思われるかもしれないが、クロスエイジが地産地消に取り組んだのには三つの目的がある。

一つは、営業活動に商品化（加工・調製）機能、物流（仕入れ・配送）機能を持たせることで仕入れ、販売の幅を広げるためである。商品化や物流を自ら行うことで、地場顧客の拡大、地場生産者の拡大が可能となり、これは中規模流通（地産外消）を推進してきたクロスエイジとしては手薄な領域であった。消費者ニーズや地元農家・産地の期待に応えるために強化したかった。

二つめの目的としては、県内外の一定規模の生産者にとって、需給調整の場として、地産地消の売場を確保しておきたかったというのがある。量販店の地産地消コーナーというのは、規格や価格、数量においてある程度の融通がきくため、通常は中規模流通（地産外消）がメインの生産者であっても、余剰農産物や規格外農産物の販売ルートとして時期によっては有効に活用し、収益性の向上につながる。

三つめの目的は、直営店舗「時や」の今後の多店舗展開に向けて、地場農産物の供給体制を強化しておきたかったためである。九州や全国のこだわり・厳選商材も重要だが、地場野菜は直営店舗においては、それ以上に重要な位置を占めている。

キーワードは「強い地場野菜」だ。〝少量多品目〟の地場野菜を取りまとめたいわけではなく、ホウレンソウ、小松菜、サニーレタス、ブロッコリー、キュウリなど、それぞれの品目においては専業農家、あるいは農業法人がしっかりと作り、〝多量少品種〟でしっかりとプロデュースしていくことを重要視している。福岡県農林水産部の地産地消需要拡大促進事業も受託し、二〇〇〇万円超の予算をいただきながら、スタッフの雇用、生産者への説明会、物流・商品化センターの拡張、供給・販売企画の作成、農家と需要者のマッチングを進めた。

一方、直営小売店舗「時や」の新規店舗出店であるが、これは〝絶対に負けられない戦い〟でもあった。一号店をオープンしてから、五年が経過し、高宮店は順調な客足、売上で推移していたものの、二号店の春日公園店の業績が振るわず、また、人員も今後の出店に備え過剰であったため、消費者直販事業としては赤字続きであった。

春日公園店のてこ入れには取り組んだが、結論的に言うと、立地のポテンシャルがなかった。立地選びの段階での私の判断ミスである。立地選びには「面」「線」「点」の要素がある。つまり「人がいるか？」、「行きやすいか？」、「見えているか？」といった観点である。それを商圏マップや商圏の質、基本動線の確認、集客ポイントの有無、コバンザメ戦略、看板での誘客、外観の条件といったポイントで分析・検討する。これらの知恵が当時の私にはなく、黒字化できず、いたずらにスタッフを疲弊させていた。

それと、どこかに「安心」があったのもよくなかったのだろう。店舗の事業は三つめの事業ということもあり、経験者を採用し、担当させていた。そして私は自分の持ち時間の大半を企画・コンサルティング事業と流通開発事業、そして経営全般に注いでいた。その推進体制も反省すべき点である。幹部社員が充分に育成できている場合は別として、新規事業は軌道に乗るまでトップが陣頭指揮を執るべきであった。

それでも「撤退」の二文字は浮かばなかった。理由はどちらかというと、合理的なものではなく、精神的なものだ。「ここで一度引いてしまったら、もっと大きな目的にも永遠に到達できないのではないか」と思ったり、「こんなところでつまずいてはいけない、連戦連勝じゃなくてはいけない」と思ったりしていた。そういった状況の中で、出店の計画が浮上し、社長が店長ということで、半ば強引にスタートさせたのが三号店出店までの経緯である。

二〇一三年一〇月一九日、時や清川店はプレオープンを迎え、一〇月三一日にグランドオープンした。この店は当たった（表現は適切でないかもしれないけど）。オープン後の客足の推移は順調で、年末の一二月には清川店単体で四七万円の営業利益が出た。翌二月には春日公園店を閉鎖し、並行して進めていた地産地消推進のための物流・商品化スペースを拡張させた。清川店のオープンにともない、事業全体のてこ入れにも取り組んだ。私がずっと店長をやり続けるわけにはいかないので、清川店店長を採用するとともに、「『時や』のＭＤ（マーチャンダイジング）」として、下記の項目を整理し、顧客の期待以上のものを提供できるお店づくりをメンバー一丸となってめざした。

①売場、②品揃え・商品知識、③価格政策、④販売計画、⑤オペレーション（基本業務、展開業務、創造業務、その他）、⑥接客

また、重要な事項については手引きとして作成し、さらに暗黙知（うまく言葉にできないもの）の形式知化（客観化、言語化すること）をめざした。

①売場作り・商品陳列の手引き、②ＰＯＰ作成の手引き、③接客の手引き、④商品管理（完売の実現）の手引き

一連の小売業（都会の直売所）にまつわるノウハウの体系化と、清川店の好調な販売成績につられる形で一号店の高宮店の業績も飛躍的に向上した。二店舗体制となった第一〇期下期（二〇一四年三月〜八月）、消費者直販事業はようやく黒字化した。

第一〇期は約四億三〇〇〇万円で三億円を飛び越え、四億円まで突破した。学んだこと

は次のとおりである。

「少量多品目の『地産地消』から、多量少品目の『強い地場産』への転換」。

「『MD（マーチャンダイジング）』という形で、小売業における基本的な重要事項についてはすべて理論の裏付けがある」。

5　農産物流通の現状と将来

産地と消費者・バイヤーをつなぐ五つのポイント

クロスエイジが第一一期に入り、今までの活動を振り返ると、産地と消費者・バイヤーをつなぐには下記のポイントがあると思う。

① 川上と川下がつながる三つのパターンを認識する

川上の生産者と川下の消費者・バイヤーがつながるのには大きく三つのパターンがある。

まず、一つめのパターンは農事組合法人和郷園（千葉県）などが有名だが、生産者サイドを基点に販路を開拓し、生産者を組織化し、自ら直売所を展開するなど、川下に進出していくパターン。二つめのパターンは、オイシックス株式会社（東京）やらでぃっしゅぼーや株式会社（東京）のような、川下の企業が生産者との連携をどんどん深め、独自の栽培基準や商品取り扱い基準を設け、川上に進出していくパターン。そして三つめがクロスエイジのように完全に中間という立ち位置で、川上の農家と川下の消費者・バイヤーをつないでいくパターンである。

私が思うに、大きな産地、生産者と大手の流通業者であれば直接取引することを模索すればよいと思う。誰が考えてもその方が効率いいだろう。ただし、有力な農業法人や生産者グループでもなかなか開拓できないのが、地方で展開する地域密着型のスーパーや、地域に根づいたローカルなうどんチェーンや総菜チェーンである。また、そういった川下サイドの企業も、全国に点在している生産者の情報を集約し、品ぞろえやメニュー開発に活かすということはほぼ不可能なのだ。大手流通業者なら、九州地区本部バイヤーといった役割の人間がいて、生産者開拓に注力する人材になることができるかもしれないが、多くのローカルスーパーはそうはいかない。

そこで、完全に中間という立ち位置で、川下と川上を結ぶ機能が必要となってくる。大規模産地やいわゆる系統モノ（箱にＪＡ○○と書いて出荷されるもの）でない一〇〇を超

業と中食産業の売り上げの伸び

2000	2005	2006	2008	2009	2010	2011	2012
269,925	243,903	245,523	245,068	236,599	234,887	229,034	232,386
49,878	55,158	56,047	55,313	55,682	56,893	57,783	59,461

合調査研究センター推計　（億円）

える産地のネットワーク、多様な地域、多様な業態の一〇〇を超える販売先のネットワークはそういう視点で築いてきたのだ。

② 創業当時からあった、消費者ニーズの二大潮流をとらえる

結論から言うと、「食の外部化」と「差別化（付加価値化）」が消費者ニーズをとらえるための二大キーワードである。

まず「食の外部化」だが、少なくとも私が事業を始めたころ（二〇〇五年）から、外食産業の発展や中食市場（総菜・弁当）の急伸により、このキーワードが出ていた。つまり、八百屋やスーパーでホウレンソウを買ったりキャベツを買ったりして調理する、リンゴを買って皮をむいて食べる、という行為がどんどん少なくなってきたということだ。当時から、消費者が使う食費のうち、実に八割以上が調理済み品というデータが出ていたので、この構造変化は当然とらえていなければならないものだ。

業務・加工用に向けての農産物の作り方（品種や作付け方法、作

表１　外食産

年	1975	1980	1985	1990	1995
外食	85,773	146,343	192,768	256,760	278,666
中食	2,016	7,132	10,955	23,409	31,434

出典：財団法人食の安全・安心財団附属機関外食産業総

付け時期の工夫）が産地側でも行われるようになってきた。これが農家が取り組むカット野菜や一次加工（ヘタどり、根切り、ペースト加工等）といった六次産業化の動きを加速させた要因にもなっている。

そして「差別化（高付加価値）」であるが、これは言わずもがなのキーワードかと思う。かつての高度経済成長期の作れば売れる時代から、どちらかというと胃袋の減少でモノ余りの時代になってきたなかで、農産物マーケティングの重要性が増してきた。マーケティングプロセスのなかで差別化を検討するステップがあるので、当然それを意識する必要がある。要するに、同じチャネル、同じ販売対象に競合産地、競合農家がいた場合どうするかという話である。味・糖度、品種、本場の産地、地産地消、大玉・ギフト規格、適熟、保管・輸送技術、カラー・アソート（色彩の配合バランス）、鮮度、売場企画、ボリューム規格、ゆるキャラ活用等々、何らかの方法で差別化を図らないといけない。

もちろん、「食の外部化＋差別化」を狙った戦略というものも出てくる。要するに、「量

表2　食の外部化と差別化

		差別化 ○（している）	差別化 ×（していない）
食の外部化	○（している）	外食や中食向けの差別化商材。 （例）甘長パプリカ，塩トマト，ネバリスター（長芋）等。	業務用に作付けされた農産物，業務用に適した規格の農産物。（例）業務用ダイコン，業務用キャベツ，業務用青ネギ，Ｃ品長芋，２Ｌ・３Ｌサツマイモ等。
	×（していない）	量販店，百貨店，通信販売等でのこだわり農産物。（例）アイコトマト，紅はるか（サツマイモ），高糖度ミカン等。	農協（とくに指定産地）→市場出荷の伝統的な青果流通の世界。※全国に安定的に農産物を供給する役割があるため，なくなりはしない。

は力なり」という戦略で等階級（品質とサイズ）のみで分けられた生鮮農産物を小売業向けに供給して儲かるという時代ではなくなったということだ。

③　伸びている業界はどこかを知る

業態分類（カテゴライズ）と顧客細分化（セグメンテーション）がポイントとなる。よく「ターゲットを明確に」と言われるが、その前に顧客をどの層で切り取るかという作業が必要になる。順番としては、大まかに業態分類を考える。たとえば一番大まかな切り取り方は食品製造業、外食産業、中食産業、食品小売業、飲食料品卸売業だろう。そこからさらに分類を考える。たとえば食品小売業なら「食料品スーパー」「総合スーパー」「コンビニエンスストア」「食料品専門店・中心店」といった具合である。

これをできるだけ細かく分け、顧客をもっとも細分化したかたまりが顧客セグメントである。この細かさや、それぞれを時系列でみたときの増減などを把握できているかどうかを常日頃からアンテナを張って把握しておくことが大事である。

自社の弱みや強みを把握したうえで、ターゲットとなるセグメントを決定し、相手のニーズにあった生産を可能にする技術力を備えれば、販路の開拓や収益性の向上は難しいことではない。

④　農業は「作れない・作りすぎ・足りない」、三つのリスクとの戦いと心得る

市場出荷するか、地産地消で販売するか、中規模流通に取り組むか以前の問題として、そもそも農産物の販路開拓、営業活動は何が難しいのかを理解するべきだ。一般の産業、一般の商品と農産物は何が違うのか。それは、次の三つのリスクとの戦いだということだ。

リスク1……うまく作れなかった

- 給食主体部門
  185,865億円（2.1）
  - 営業給食
    152,274億円（2.5）
    - 飲食店
      - 食堂・レストラン
        88,160億円（3.2）
      - そば・うどん店
        10,718億円（0.8）
      - すし店
        12,753億円（▲0.7）
      - その他の飲食店
        13,055億円（▲1.7）
    - 国内線機内食等
      2,457億円（3.8）
    - 宿泊施設
      25,131億円（4.7）
  - 集団給食
    33,591億円（0.5）
    - 学校
      4,930億円（▲0.7）
    - 事業所
      - 社員食堂
        11,992億円（▲0.2）
      - 弁当給食
        5,187億円（▲0.2）
    - 病院
      8,609億円（1.5）
    - 保育所給食
      2,873億円（2.5）
- 料飲主体部門
  46,521億円（▲1.1）
  - 喫茶店
    10,197億円（0.1）
  - 居酒屋・ビアホール等
    9,780億円（▲1.5）
  - 料亭・バー等
    26,544億円（▲1.4）

- 食料品スーパー
  1994年13兆円～2007年17兆円
  ・取扱商品販売額の70％以上が食料品
- 総合スーパー
  1994年9兆円～2007年7兆円
- コンビニエンスストア
  1994年4兆円～2007年7兆円
- 食料品専門店・中心店
  1994年19兆円～2007年12兆円（約▲36）
  ・取扱商品販売額の90％以上が食料品だと専門店，50％以上だと中心店

カテゴライズとセグメンテーション

食品製造業

30兆円（横ばい）

（出所：関係10府庁共同事業「平成17年度産業連関表」）

・全製造業に占める割合：製品出荷額9.6%，従業員数は同15.0%

（出所：経済産業省「平成24年度経済センサス・活動調査」）

広義の外食産業

・食の外部化率は1975年28.4％～2011年44.1％

（出所：財団法人食の安全・安心財団附属機関外食産業総合調査センター推計「平成24年外食産業市場規模推計値」）

外食産業

232,386億円（1.5）

・1997年の29.1兆円をピークに減少傾向，2003年からは現在の水準でほぼ横ばい

中食産業

59,461億円（2.9）

・近年市場規模拡大

食品小売業

約44兆円

・全小売業の商品販売額の3分の1程度

・上記の販売額には食品以外もある

（出所：経済産業省「商業統計表」）

飲食料品卸売業

1994年104兆円～2011年67兆円（約▲36）

・生鮮三品では野菜・果実（約▲37），生鮮魚介（約▲55），食肉（約▲33）

（出所：経済産業省「商業統計」「経済センサス」）

図13　食品関連産業における

注：( ) 内の数字は対前年比増減率（%）

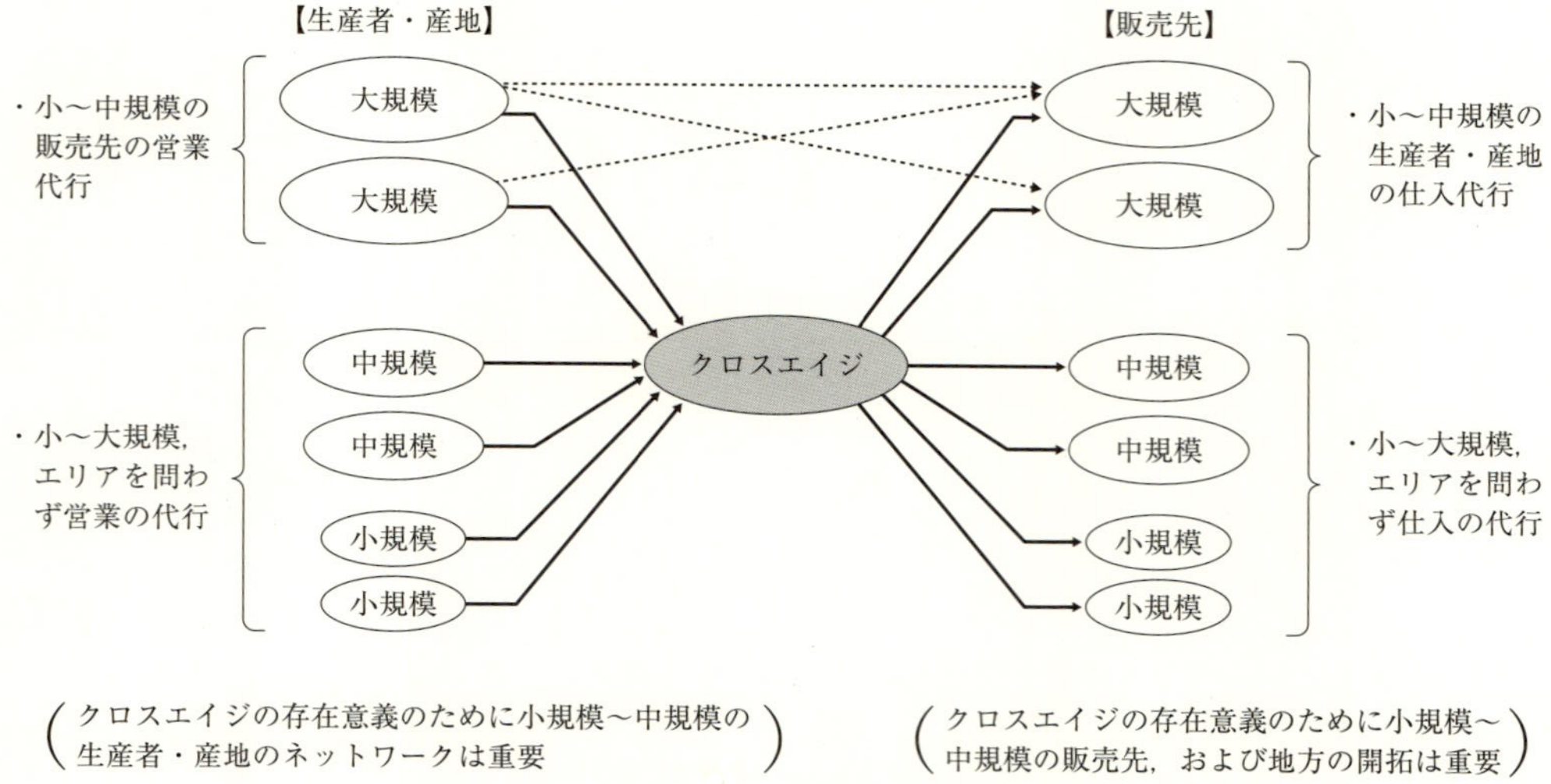

図14　中間業者としての立ち位置と機能

注：ここでいう小規模～中規模という意味は「中規模流通に取り組む」生産者の中での話であり，小規模といえども専業農家クラスを指す。

きれいな外観にならなかった、大きくなりすぎた、逆に小さかった。

リスク２……作りすぎた

農産物は在庫がきかない。そのため、販売先が足りないとその分ロスになる。あるいは天候に恵まれて、生育順調で収穫量が増えたり、収穫時期が早まったりすると、販売と供給のバランスがあわず、ロスが生じる。「豊作貧乏」や「産地廃棄」もこの作りすぎ（供給過多、在庫がきかない）という農産物特有のリスクが背景にある。

リスク３……足りなかった

収穫を見込んでいたものが、天候や病害虫の影響で収穫できず、結果として欠品してしまうリスク。

このすべてのリスクにどう対応していくのか、生産者と消費者・バイヤーがつながっていくためには、問題を双方から解消していかないといけない。間に立つのであれば、生産者や消費者・バイヤーのリスクに対する負担をどれだけ軽減できるかが腕の見せ所になってくる。

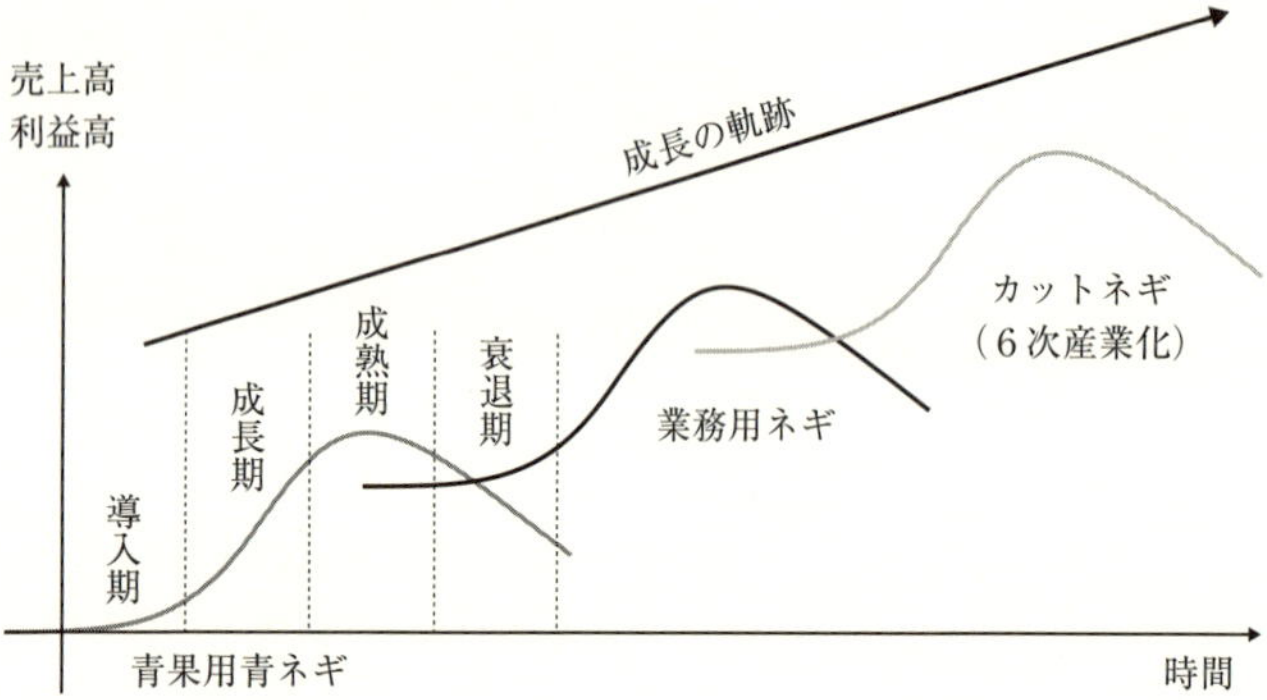

図15　プロダクトライフサイクルの例（ネギ農家）

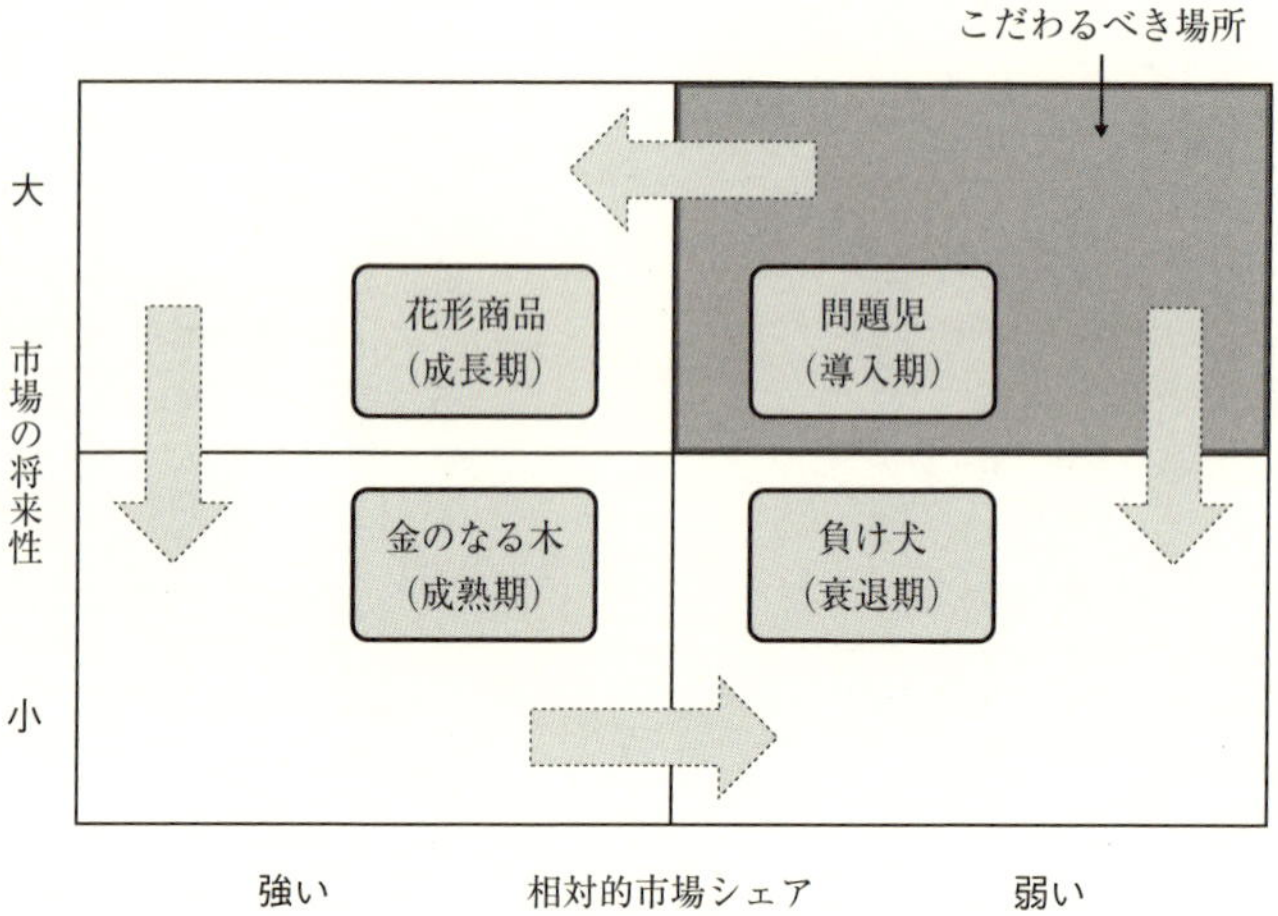

図16　プロダクトポートフォリオマネジメント

⑤どんな商品もいつかは陳腐化することを覚悟しておく

「プロダクトライフサイクル」という考え方がある。一つの商品が出始めたとしたら、導入期↓成長期↓成熟期↓衰退期の四つの段階を経るという理論である。

たとえばアイコトマトの場合、最初はそもそも認知度がないので、需要もない。そこで認知度を上げるために試食販売したり、市場開拓のために規格の工夫で値ごろ感をもってもらえるような販売をする。やがて消費者の認知も高まり、売れるようになってくると、今度は競合産地もどんどん出てくるから、いかにブランドイメージを作り上げ、品質が確かな生産者、産地であると思わせるかが重要となる。

そして、商品ラインが増え、イエローアイコ、キャンドルライト（オレンジ色）のように色違いでラインを拡充したり、業務用の対応や高糖度で生産したりする取り組みが頻繁に行われるようになる。やがて、売り上げは頭打ちとなり、競合の顔触れやシェアも安定し、いかに生産者や産地のブランドイメージを高めていけるかという工夫が必要になってくる。やがて、衰退期に入り、そうなると積極的な販路開拓ではなく、撤退を検討し、次なる品種の強化に力を入れる、既存顧客のメンテナンス、社会的責任を果たすための最小限の供給と販売になっていく。

これは、ミニトマトに限らず、サツマイモでも、柑橘でも、長芋でも、同じことだ。商品にはライフサイクルがあるということを認識し、継続的な成長のためには成長期、成熟期に次なる成長カーブを描ける商品の開発に着手しないといけないということである。これは同一品目で「新品種→新品種→新品種」と開発していくパターンと、「ミカン栽培→ネギ栽培」のように品目を抜本的に変えるパターンと、「青果用集荷→業務・加工用出荷→カット野菜対応（六次産業化）」というように、対象マーケットや栽培方法や、事業のあり方そのものを見直すパターン（図15参照）とがある。いずれにしろ、一つの成功モデルを作れたとしても、それが未来永劫続くわけではないということなのだ。

もう一つ、大事な理論がある。「プロダクトポートフォリオマネジメント」という。クロスエイジのように、複数の商品を販売している企業が、どの商品にどれだけ投資するか、営業担当者に力を入れさせるか、その配分を考えるための思考の枠組みである。「相対的市場シェア」、「市場の将来性」を軸に、図16に示す四つのカテゴリーに分類される。「問題児」というのは導入期・成長期にある商品で、ここに経営資源を投入して成長を促し花形にしていく。これが一番重要である。八〇年代の日本企業はここのカテゴリーの商品を多く持っていた。ただし、継続的でなかったため、九〇年代に衰退していく。逆に韓国の企業は九〇年代にたくさん「問題児」を抱えていた。だからその後成長したが、二〇〇〇年以降は衰退した。独特の個性および芸術性と機能性を両立した高度なデザインを持つ製品を生み出すアップル社は、「問題児」をどんどん作っている。

「花形商品」は成長率とシェアがともに高いため、多くの収入が見込める。しかし、市場が伸びている場合は、シェアの拡大・確保のため、それなりの投資を行う必要がある。「金のなる木」はもはや市場が拡大していないため、大きな投資は必要なく、結果として安定的利益が見込める商品である。「負け犬」は成長率もシェアも低いため、撤退などの検討が必要になってくる商品だ。「問題児」から「負け犬」に直接移行する商品も当然多く出てくる。

以上、二つともマーケティング戦略を考える上では基礎的な理論である。世の中の商品の中には超ロングセラー商品など、必ずしもこのライフサイクルと合致しないような商品も見受けられるが、生産者と消費者・バイヤーの中間に立つ際にはこんなことも考えながら、マーケティング戦略を立案していくことが経験上大事なことと思う。

混沌とした難しさから、体系だった難しさへ

二〇一〇期を終え、原稿を書いている二〇一四年一二月は第一一期の真っ只中である。農業・青果物流通の業界で会社を立ち上げて約一〇年になる。経営は混沌とした難しさから、体系だった難しさへと私の中で変わっていった。クロスエイジが取り組んでいるテーマは簡単ではない。しかし勝ちパターンはできた。コンサルタント案件等で新たな商品化を手がけ、そこからさらに空中戦として産直卸事業で全国に商品を届け、地上戦として地元マーケットでは直営小売店を展開し、コンサルタント事業を通じてフィー報酬（コンサルタント料）を得て、実業を通じて中間マージンや小売収益を獲得していく。

そしてその延長に、①売上一四億円、②最終利益六〇〇〇万円、③上場、④一〇〇億円の事業規模、⑤中規模流通というコンセプトの浸透、⑥販路を基点とした農業の産業化、⑦「世に生を得るは事を成すにあり」という生き方の実現、があると信じている。

一つ一つの目標、それと会社の目的、人生の目的の実現こそが、私にとっての夢である。その夢を追うプロセスの中で日々すごせていること、それはものすごく幸せなことであり、そのプロセスの中で常に人間性の向上に努めることで、これからも夢を追い続けることができるのだと理解している。

た 行

な 行

は 行

ま 行

や 行

索　引

あ　行

か　行

さ　行

《著者紹介》
各章扉裏参照。

シリーズ・いま日本の「農」を問う⑥
社会起業家が〈農〉を変える
――生産と消費をつなぐ新たなビジネス――

2015年6月30日　初版第1刷発行　〈検印省略〉

定価はカバーに
表示しています

著　者　益　貴大
　　　　小野邦彦
　　　　藤野直人
発行者　杉田啓三
印刷者　坂本喜杏

発行所　株式会社　ミネルヴァ書房
607-8494　京都市山科区日ノ岡堤谷町1
電話代表　(075)581-5191
振替口座　01020-0-8076

冨山房インターナショナル・兼文堂

ISBN 978-4-623-07304-7
Printed in Japan

シリーズ・いま日本の「農」を問う

体裁：四六判・上製カバー・各巻平均320頁

① 農業問題の基層とはなにか

――――末原達郎・佐藤洋一郎・岡本信一・山田　優 著

●いのちと文化としての農業

② 日本農業への問いかけ

――――桑子敏雄・浅川芳裕・塩見直紀・櫻井清一 著

●「農業空間」の可能性

④ 環境と共生する「農」

――古沢広祐・蕪栗沼ふゆみずたんぼプロジェクト・村山邦彦・河名秀郎 著

●有機農法・自然栽培・冬期湛水農法

⑤ 遺伝子組換えは農業に何をもたらすか

――――椎名　隆・石崎陽子・内田　健・茅野信行 著

●世界の穀物流通と安全性

⑥ 社会起業家が〈農〉を変える

――――益　貴大・小野邦彦・藤野直人 著

●生産と消費をつなぐ新たなビジネス

――ミネルヴァ書房――

http://www.minervashobo.co.jp/